U1075949

Jasmine from Afar

远方的茉莉花

中国的外来植物·花卉

晓　蓓 著
陆佳灵 摄影

上海文化出版社
上海咬文嚼字文化传播有限公司

序

花是美的象征。我们赏花，除了欣赏静态的外部形态美，还欣赏那动态的生命变化之趣。

花是有生命的。千娇百媚的花姿、灿若霓虹的花色、芬芳馥郁的花香，不仅能娱人感官，更能撩人情思、寄人心曲。

花是有灵性的。每一朵花儿都有着各种各样充满生机的性格：有的冒着严寒独自报春，有的顶着骄阳顽强怒放，有的独具秋日的风情，有的则为冬天增添一抹艳丽的色彩……看着这些花草的枯与荣，我们深深感受到季节的转换，体验到大自然的魅力。

花是中国文化的一个组成部分，深受文学、绘画、书法、园艺、建筑等传统文化艺术的影响，并随之发展。中国人欣赏花，不仅欣赏花的颜色、姿容，更欣赏花中蕴含的人格寓意、精神力量。仙客来、君子兰、仙人掌、虞美人……这些人格化的花名，充满了人间烟火气。而“岁寒三友”“花中四君子”“花中十三友”等等，更是把花木当成了有生命的人，当作朋友来看待。

我国是世界上最早种植花卉的国家之一，历史悠久，品种繁多。考古表明，7000 年前，我国便开始栽培花卉。我们的祖先将大自然的美丽花草引入生活，在石器、陶器上刻画各种花卉纹样，用来美化生活。瑞士的植物学家德堪多曾说过：“中国人是世界上最大的栽培家。”早在《礼记》中，我们就有“季秋之月，鞠有黄华”的记载。

我国幅员广阔，山多田少，地形复杂，气候多样，蕴藏的花卉资源十分丰富，是多种名贵园林植物的起源中心。如梅花、牡丹、菊花、百合、芍药、山茶、月季、玫瑰、玉兰、杜鹃等等的原产地都在中国，因而享有“世界园林之母”的美名。

我们不但拥有全球约五分之一的植物种类，而且还拥有许多外来的花卉植物。

茉莉花，在我国的资格老得很。这种花早在汉代就已引入栽培了，花名“茉莉”一词也是音译自古印度梵文“Mallika”。晋嵇含《南方草木状》称之为“末利”，《洛阳名园记》中称“抹丽”。正如《本草纲目》所说的：“末利本梵名，无正字，随人会意而已。”茉莉花因芬芳美丽、洁白如雪，引入后深受平民百姓的喜爱，培育后不仅供观赏、装饰，还成为制作花茶的主要原料。脍炙人口的江南小调《茉莉花》已经成了外国人耳熟能详的中国名曲、成了中国人在进行外事交流时经常演唱的本土经典曲目。

康乃馨体态玲珑、斑斓雅洁、端庄大方、芳香清幽。在西方，人们将康乃馨当作送给母亲的礼物，表达对母亲的爱与祝福。而在中国，虽然我们自古就有自己的母亲花——萱草，但随着西方母亲节在中国的兴起，我们也越来越接受美丽、温婉的康乃馨，把它作为献给母亲的花。

本书重点介绍了外来花卉传入中国的经过、花名的由来、被中国人接受并喜爱的过程，还着重研究了外来花卉在中国获得的文化涵义与它们在原产地的现状，从中可以看出同一种植物在中外不同文化下的意义对比。

2017年3月15日

目录

波斯菊

Cosmos bipinnata Cav.

美丽的波斯菊，是人们非常喜爱的一种花卉。在希腊语中，“kosmos（波斯菊）”有美丽、华丽的意思。波斯菊在我国栽培甚广，路旁、田埂、溪岸到处都有它们的身影，尤其在云南、四川西部等地有大面积种植。

这种美丽的花很早就作为观赏植物引入中国了。因是从西方而来，古人一直以为它产自古代波斯地区，又因其花朵形状像中国的菊花，故称作“波斯菊”。但其实，波斯菊原产于墨西哥，并非古代波斯地区。

波斯菊有个别名叫“秋英”，正如其名，波斯菊是代表秋季的花。因其花朵较大，除了“秋英”的别称外，人们还称它为“大波斯菊”。波斯菊原为一种植株较高的草本，但因为茎容易弯折，后来又出现了很多矮生品种。

[别名] 大波斯菊、秋英等

[拉丁名] Cosmos bipinnata Cav.

[科属] 菊科秋英属

[习性] 一年生或多年生草本植物，六月至八月开花

[原产地] 墨西哥

花朵有单瓣的，也有重瓣的，都可作切花材料。波斯菊也适合当作花境的背景材料，可植于山石、崖坡、篱笆、树坛或宅院旁。近年来，波斯菊的花色已越来越丰富多彩，有红、白、粉、紫等色，花开的时候颇有野趣。

在我国，菊花的淡定、清雅很符合中国人的审美，尤其受崇尚素朴的中国文人的推崇。而波斯菊的形状酷似菊花，也是在秋天开的花，所以也深受我国人民喜爱。田间山野的波斯菊是霜天寒地里的一地绚烂。人们常常在条桌、案几上供一盆雍容雅淡的波斯菊，随意又宁静。

波斯菊在藏区俗称格桑花。“格桑”在藏语里是幸福的意思，所以波斯菊又名幸福花，是一种吉祥的花朵。格桑花生长在海拔5000米以上，被藏族人民视为象征着爱与吉祥的圣洁之花。它喜爱高原的阳光，也耐得住雪域的风寒。而且随着季节变幻，花的颜色会转变。它美丽而不娇艳，柔弱但不失挺拔。

哥伦布发现新大陆之后，欧洲的绅士淑女们见到了这种楚楚动人的花。船员们将波斯菊带回欧洲栽种，由于它的长相讨人喜爱，又容易栽培，很快就从花园向郊野、山林繁衍，在欧洲大陆落地生根。据说，欧洲的少女们，常常在情书中附上一朵波斯菊。一朵花，负载了多少情窦初开的少女心思，羞涩中带着期望，喜悦中藏着不安，以及数不尽的“他爱不爱我”的问号。因此波斯菊的花语是：少女的纯情。

在英国，波斯菊的花语是“学术”或“永远快乐”。该花被选来献给牛津尼僧院院长圣菲利迪斯卫德，他为牛津城及牛津大学作出了杰出贡献。

除虫菊

Chrysanthemum cinerariifolium L.

[别名] 白花除虫菊
[拉丁名] Chrysanthemum cinerariifolium L.
[科属] 菊科匹菊属
[习性] 多年生草本植物
[原产地] 欧洲

记得儿时的夏夜里，最开心的事就是拿个小板凳去弄堂里纳凉听故事。但是每次一坐下来就有成群的蚊虫围着嗡嗡转，搅得我们上蹿下跳不得安宁。这时妈妈就会点一盘蚊香放在我们脚下，那袅袅上升的青烟，不一会就让蚊虫晕头转向，倒栽葱似地跌落下来，一命呜呼。后来知道，蚊香里有一种叫除虫菊的植物，它能起到除灭蚊蝇的作用。人们在夏秋之际，把含苞待放的除虫菊花朵采摘下来，晾干后磨粉，然后再添加一些其他材料进去、经过好几道工序制成蚊香。

开着白色小花的除虫菊，看起来淡雅而别致。它喜欢排水良好、肥厚的沙质土壤，在比较优越的环境下可以健康生长，而且能养易活，繁殖并不困难，用种子、扦插或分株的方

法都可行。既然称之为“除虫菊”，那它的得名就来自于该花的功效。原来，除虫菊里含有除虫菊素甲、乙等成分。蚊蝇接触了这种含在花朵中的无色黏稠液体后，就会神经麻痹，中毒而死亡，故名。

在欧洲，除虫菊是最著名的灭虫植物。它不仅可以除灭蚊蝇，而且可杀灭农作物和林木、果树的害虫。它和烟草、毒鱼藤合称为“三大植物性农药”。另外，该植物对蜈蚣、鱼、蛙、蛇等动物也有毒麻作用，但对人畜无害。因此使用安全，不污染环境，是理想的杀虫剂。

因除虫菊的花形小巧、花色十分淡雅，它还是盆栽和切花的好材料。夏日里，在窗台上、走廊里摆几盆秀气别致的除虫菊，既能观赏，又能驱虫，一举两得。同时，除虫菊也是有名的药用植物。把该花的花瓣和叶子晾干后制成粉末，可用于杀蚊蝇、农作物害虫，以及除臭。虽然除虫菊对节足动物、鱼类、两栖类、爬虫类均有毒，但对鸟类和哺乳类动物毒性小。只是对除虫菊制剂敏感的人吸入后易引起皮疹、鼻炎、哮喘等，如果吞服过量会引起恶心、呕吐、胃肠绞痛、腹泻、头痛、耳鸣、恶梦、晕厥等。

雏菊

Bellis perennis L.

[别名] 春菊、太阳菊、延命菊等
[拉丁名] Bellis perennis L.
[科属] 菊科雏菊属
[习性] 多年生草本植物，三月至六月开花
[原产地] 欧洲

细小玲珑、色彩淡雅的雏菊是一种外观古朴、不事张扬的小野花。早春万木刚刚苏醒的时候，雏菊已迫不及待地在田边地头开成一片，勃勃生气惹人喜爱。意大利人十分喜爱清丽娇娆的雏菊，认为它具有君子的风度和天真烂漫的风采，因此将雏菊定为国花。虽然在中国人的眼里，雏菊的花形过于简朴，不能与我们千娇百媚的菊花相比，但带着田野芬芳的雏菊还是走进了中国的千家万户。平常居家，几上、桌上插三两枝雏菊在水瓶里，给屋子带来春的气息。

雏菊得名和花的形状有关。雏菊的花型要比一般菊花小很多，而且花瓣不卷曲，就像是还没长成的菊花，故名。雏菊一般在春季开花，又喜阳光，在蓝天下开得一派生气盎然，

故又名春菊、太阳菊。因其药用价值高，所以还被称为延命菊。

雏菊易种易养，叶子为匙形丛生呈莲座状，密集矮生，颜色碧翠。从叶间抽出的花朵，排列错落、娇小玲珑、色彩和谐，可作盆植美化庭院阳台，也可用作花境、切花等。它的花期比较长，耐寒能力强，是早春地被花卉的首选。

雏菊又叫甘菊、白菊，药用价值很高。农学家张履祥在《补农书》中写道："白菊性甘温，久服最有益，古人春食苗、夏食英、冬食根，有

益也。每地棱头种一二株，取其花，可以减茶之半，茶性苦寒与苦菊同泡。”平日人们很喜欢用雏菊泡茶饮。尤其在闷热得毫无食欲的夏日里，于透明的玻璃杯中泡一杯加了蜂蜜的雏菊凉茶，是令人爱不释手的夏日清凉饮料。

在西方国家，雏菊常常被用来占卜爱情。人们常常把雏菊的花瓣一片一片剥下来，在心中默念“爱我，不爱我”，直到最后一片花瓣，即代表爱人的心意。另一种占卜婚姻的方法是：如果你想知道自己在什么岁数结婚，只要随手拔起一把花，看看当中有几朵雏菊，雏菊的数目便是距离结婚日的年数。

雏菊的花语是天真、和平、希望、纯洁的美以及深藏在心底的爱。在西方的文学作品中，雏菊是受欢迎的常见植物。英国剧作家莎士比亚在《哈姆雷特》中描写丹麦王的儿媳奥菲利娅发疯投河的那场戏中，奥菲利娅一边唱着自编的歌谣，一边编织花环，那四种花中，其中一种就是雏菊。

春黄菊

Anthemis tinctoria L.

[别名] 洋甘菊、苹果菊等

[拉丁名] Anthemis tinctoria L.

[科属] 菊科春黄菊属

[习性] 多年生宿根芳香草本植物，四五月份开花

[原产地] 欧洲

英国著名童话《彼得兔》中，淘气的彼得兔因为贪吃过度又惊吓劳累，结果病倒在床上。慈爱的兔妈妈泡了一杯洋甘菊茶给彼得兔，助它恢复健康。兔妈妈泡的洋甘菊，其实正式的名字叫“春黄菊”。

春黄菊，顾名思义就是春天开的黄色小菊花，但是这种春黄菊与我国传统名花菊花是不同的。

春黄菊的老家在欧洲，大约在20世纪50年代，被作为花卉植物引入中国。其得名缘由是因为该花的模样长得像菊花。菊花是原产于我国的名贵观赏花卉。宋代陆佃在《埤雅》中说：“菊本作蘜，从鞠。鞠，穷也，月令九月菊有黄华，华事至此而穷尽，故谓之鞠。”这里“穷”是就开花时节来说的。菊花通常在秋

季开放，原多为黄色。因春黄菊的花瓣形状似我国的菊花，以黄色为主，又是开在春季的，故名。

因为这种植物是外来的，花瓣带有丝丝甘甜，人们也把它称作“洋甘菊”。春黄菊开花的时候，散发着一股浓浓的苹果香味，所以也称作“苹果菊”。

春黄菊在欧洲家喻户晓。据说在古埃及、古希腊罗马时期，这种花便进入了人们的生活，英语“camomile”一词便是希腊文“大地的苹果”的意思。事实上，不仅它的花具有强烈的苹果香，而且营养丰富，如同苹果一般被民间视为温和且不具副作用的万能疗方。大约从17世纪开始，欧洲人每当碰到失眠、感冒、神经痛、焦虑时，就会用春黄菊泡茶来对症治疗。

用于泡茶的春黄菊一般以花朵为主，因为它味美且保健功能强，成为欧洲家庭中常见的花草茶之一。除了泡茶之外，主妇们也用于烹饪中。喜欢把春黄菊叫作“小苹果”的西班牙人，则常常在制作雪莉酒的时候借它增添风味。它还普遍用在药疗、美容及装饰等方面。

春黄菊在中国是这几十年才红起来的。以

前对这种路边田野的小花，人们是不太当回事的。我们历来推崇的是有着3000多年栽培史的菊花，它的淡定、清雅，深受中国文人的喜爱，条桌、案几上供一盆雅淡的菊花，随意又宁静。寻常百姓还喜欢用传统的菊花泡茶、做糕点，这是因了菊花的随处可得。而春黄菊因花型较小，且都生于山野田边，因其过于普通，不

太引人注意。中国人对它的印象都来源于西方的文化。这些毫不起眼的小菊花，在西方自古竟被视作“神花”。冲着它在药用、美容方面的功效，我国人民也渐渐喜欢上了春黄菊。踏青的时候，人们常会在田头路边采上一捧春黄菊，放在水瓶里，让案几、窗台增添春的气息。而下午茶时，泡一壶春黄菊，三两知己喝喝茶、聊聊天，更成了白领们的一种生活方式。

除了药用价值外，春黄菊还具有很好的美容作用。人们通过科学技术对它的活性成分进行提取并应用于抗敏感类高端护肤品中。干花除了可做香包、香枕、香瓶外，还能加工成肥皂或化妆水美白肌肤。

春黄菊在拉丁语中被称为“高贵的花朵”，用这种花提炼出来的精油也是非常流行的保键和药物制品，可以帮助睡眠，缓解病人的炎症和疼痛症状，缓解由神经性皮肤瘙痒引起的失眠。目前，中国部分地区大量栽培春黄菊，用以入药和制茶。

大花紫薇

Lagerstroemia speciosa Pers

[别名] 大叶紫薇、怕痒花、百日红等

[拉丁名] Lagerstroemia speciosa Pers

[科属] 千屈菜科紫薇属

[习性] 落叶大乔木，五月至七月开花

[原产地] 亚洲热带及大洋洲地区

大花紫薇与我国的传统紫薇是同科同属的大乔木，是一类极具观赏价值的植物。大花紫薇与我国传统紫薇的区别在于花大叶大。其得名与花的形态、色泽有关。“紫”是指这种花的色彩，“薇”即“微”，是细小的意思。紫薇除紫色外尚有红白二色，明王世懋《学圃余疏》言：“紫薇有四种，红、淡红、紫、白，紫却是正色。”古人认为紫色才是这种花的“正色”，故称。

在中国的传统文化中，紫薇暗合了有斗数之主之称的“紫微星”的名称，而古来的研究者一向都把紫微星当成“帝星”，即有帝王之相的星星。所以紫薇花也被称为吉祥幸福之花。在民间，相传紫薇花是紫薇星的化身，能辟邪。紫薇神手中执有一枝紫薇花，故民间在修建新房的对联中往往有“竖柱喜逢黄道日，上梁正遇紫薇星”的颂词。在中国古代，曾留下许多歌咏紫薇的佳作，如唐代白居易的《见紫薇花忆微之》赞云：“一丛暗淡将何比，浅碧笼裙衬紫巾。除却微之见应爱，人间少有别花人。”还有宋杨万里：“似痴如醉丽还佳，露压风欺分外斜。谁道花无百日红，紫薇长放半年花。”这些咏紫薇的诗歌，犹如中国花卉文化中一枝闪光的奇葩。

大花紫薇很早就传入了我国，在广东、广西、福建诸省皆有栽培。该花还有不少别称。因其枝粗叶大又称大叶紫薇。如果人们轻轻抚摸一下大花紫薇的树身，它立即会枝摇叶动，浑身颤抖，甚至发出微弱的“咯咯”响动声，这就是它“怕痒”的一种全身反应，故称怕痒花。大花紫薇树姿优美，树皮光滑，花色艳丽，花期极长，由6月可开至9月，故有“百日红”之称。

大花紫薇有很高的使用价值，因其花色鲜艳美丽，花期长，树龄高，热带地区已广泛栽培为庭园观赏树，有时亦作盆景。尤其在公园、路边，常见栽种该树，到了花期，赤赤紫紫一片片，如云似霞，煞是好看。它还适宜做桔峰式盆景，虽桩头朽枯，而枝繁叶茂，色艳而穗繁，如火如荼，令人精神振奋。另外，大花紫薇对二氧化硫、氟化氢及氮气的抗性强，能吸入有害气体。它还能吸滞粉尘，是城市街道和工矿绿化理想的环保树种。

大花紫薇的木材坚硬、耐腐，可做农具、家具、舟车、桥梁、电杆、枕木等。大花紫薇还具有药用价值，能敛疮、解毒、凉血、止血。根用于痈疮肿毒，树皮作泻药，叶有降血糖、抗氧化和抗真菌的活性。种子具有麻醉作用。可谓浑身都是宝。

北方人把大花紫薇称为“猴刺脱”，意思是说树身太滑，连猴子都爬不上去。大花紫薇的可贵之处是无树皮。物以稀为贵，世界上千树万木之中有几种是无皮的？年轻的大花紫薇树干，年年生表皮，年年自行脱落，表皮脱落以后，树干显得新鲜而光滑。老年的大花紫薇树，树身不复生表皮，筋脉挺露，莹滑光洁。相传，如果你的家周围开满了紫薇花，紫薇仙子将会眷顾你，给你一生一世的幸福。

大丽花

Dahlia pinnata Cav.

[别名] 大理花、大丽菊、天竺牡丹、洋芍药、洋菊等

[拉丁名] Dahlia pinnata Cav.

[科属] 菊科大丽花属

[习性] 多年生草本植物，五月至十一月开花

[原产地] 墨西哥，危地马拉等地

绚丽多姿的大丽花，因其花开时极富丽堂皇，400多年前就作为观赏花卉引入中国了。“大丽”一名音译自拉丁文“Dahlia”。1789年，大丽花在当时西班牙的殖民地墨西哥被发现后，当时的马德里植物园园长为了纪念瑞典植物学家Anders Dahl（1751年—1789年），以其姓氏Dahl将这种花命名为“dahlia”，即“Dahl”加植物名词后缀。

大丽花在中国还有不少别名，因其花瓣形状同菊花，故称大丽菊。因重瓣的大丽花雍容华贵，富丽堂皇，堪同牡丹媲美，因此又得名“天竺牡丹”，也有称之为洋芍药的。

大丽花的颜色绚丽多彩，有红、黄、橙、紫、白等色，十分诱人。大丽花的花形也是千姿百态的，花瓣有重瓣的也有单瓣的。重瓣的

大丽花中，有种千瓣花，白花瓣里镶着红条纹，宛如玛瑙，妖艳非凡；而单瓣品种中的“红世纪”，花瓣虽少，却显得简单朴素，别有情趣。还有一种大丽花，花瓣排列得十分整齐，而且花瓣的形状卷曲多变，十分美丽。大丽花因其颜色、形状、大小的变化多端，从中挑选自己喜欢的品种是一种乐趣，所以全球盛行大丽花的品种改良。据说，现在全世界约有超过3万种的大丽花。因其名称吉利，象征大方、富丽、大吉大利，故为庭园中的常客，也是世界著名的观赏花卉。

和我国传统名花菊花的傲霜怒放不同，大丽花是在春夏间陆续开花的，越夏后再度开花，霜降时凋谢。它的花形同国色天香的牡丹相似，色彩瑰丽多彩，惹人喜爱。墨西哥人把它视为大方、富丽的象征，因此将它尊为国花。

大丽花除了色彩瑰丽多彩、惹人喜爱外，还有活血散瘀的功效。它的块根入药，能主治跌打损伤。此外，大丽花还以抗污染著名。

因其花期长，大丽花也是美化庭院的常用植物，还能作为捧花。如果您给长辈祝寿，就不妨选用它。因为送大丽花、长寿花、迎春花、兰花等都寓意着“福如东海，寿比南山”。大丽花也有其谐音“大吉大利”之福祉。

风铃草

Campanula

[别名] 钟花、瓦筒花等

[拉丁名] Campanula

[科属] 桔梗科风铃草属

[习性] 越年生草本植物，四月至五月开花

[原产地] 欧洲南部

风铃草因其花朵既像钟又像风铃，花色明丽素雅、花形温柔可爱而深受西方人的喜爱，是春末夏初庭园中常见的草本花卉，常以它表达健康、温柔可爱之意。美丽的风铃草作为观赏花卉引入我国后，因其独特的花形，也受到了我国人民的欢迎，在花卉市场和平常的园艺中常可见到它的影子。

风铃草的得名与其形状有关。因该花为小型铃铛状，生于花茎顶端呈总状花序，偏向一侧。花朵乳白色，悬垂着好像一串串小铃铛，十分娇美可爱，故名。

因风铃草的花形有点像钟，故别称钟花，钟花一词取自拉丁语“Campana”，即“钟”的意思。又因花形有点像我国古代的筒瓦，所以又叫瓦筒花。

自从风铃草引入我国后，在福建、浙江、江苏等地都有栽培。平时常见的品种有“蓝钟”，就像一挂挂蓝莹莹的小钟悬在枝头；“紫晶”，浅浅的紫色，如同一颗颗晶莹剔透的紫水晶怒放在草丛间；“铃铛”，粉嫩嫩的白色，犹如一串串迷你小铃铛挂在风中起舞。而且这种植物对生长环境要求不苛刻，在条件适宜的地区，全年都能开花。其小巧、娇媚、典雅的花形在观赏植物中很罕见，故栽培很普遍。

可以说风铃草的全身都是宝，它有工业价值和药用价值。风铃草的茎皮可以取纤维加工编织用品，叶和花具有活血祛瘀、疏筋通络等功效。根及叶，味辛辣，常用作拌沙拉。

风铃草最主要的还是其独有的观赏作用。可用作盆花，适合庭院栽培或做大中型盆栽，用以布置客厅、阳台等处，也可露地用于花境。

相传，风铃草在希腊神话中被太阳神阿波罗所钟爱。于是爱嫉妒的西风神便将一只圆盘砸向风铃草的头，头上流出来的鲜血溅在地面上，便开出了风铃草的花朵。因此，风铃草的花语就是嫉妒。在欧洲，人们常常把风铃草和向日葵作为插花主材，然后配上常春藤、百合、飞燕草等花草，插上一大瓶，放在窗台、几上，让空间显得娴静柔美。

风信子

Hyacinthus orientalis L.

[别名] 洋水仙、五色水仙等
[拉丁名] Hyacinthus orientalis L.
[科属] 风信子科风信子属
[习性] 多年生草本植物，三月开花
[原产地] 南欧、地中海及小亚细亚一带

蓝色风信子是所有风信子中最原始的品种，也是深受欧洲人喜爱的盆栽植物。千百年来经过不断的品种改良，现在的风信子早已有了粉白、鹅黄、浅紫、玫红、青莲等不同的颜色，所以它又有“五色水仙”的别称。至于它的另一个别名“洋水仙”，是因为该花可像水仙花一样进行水养，而且又是从西方传过来的，故称。

花色繁多的风信子在荷兰栽培的品种最多。其得名源自希腊神话，太阳神阿波罗眷恋美少年雅辛托斯（κινθο），而同样喜欢雅辛托斯的西风神泽费奴斯设计让阿波罗误杀了雅辛托斯。在雅辛托斯倒下的地方长出了一种美丽的蓝色花朵，阿波罗便以雅辛托斯的名字命名了这种花——风信子。所以风信子也象征“永远的怀念”。欧美人非常喜爱风信子独特的造型和典雅的气质，他们常将风信子的花样雕刻在亲人的墓碑上，以示“永远的怀念”。

至于风信子的中国名称，一则和它的译音相近，二则风信子开花的时候，长长的一串串花朵像一条条信子，所谓信子是指装在器物中心的芯子，如蜡烛的捻子、爆竹的引线等，故名。

从19世纪末开始，风信子主要在我国沿海

城市栽培。近年来，风信子在全国各地越来越受欢迎。广泛用于春季花卉展览、园林花坛和盆栽销售、切花等。因为该花可水养，且干净易养，故每当春节前后，人们常常买几盆带回家，搁在窗台上，看着它慢慢吐蕾放花，给春节带来一丝喜庆，给早春涂上一抹亮色。

在西方，荷兰是风信子的主要生产基地，18世纪时风信子的栽种技术已很高超，产品也达到了两千种以上。至今荷兰、法国、英国和德国等地都将风信子的生产推向产业化，其中荷兰生产量最大并畅销世界各地。

在西方的花文化中，希腊人认为风信子是植物神"Hyacenthus"之花，或太阳神阿波罗之花。在希腊的一些地方，少女们在女友结婚时总喜欢用风信子扎成花冠戴在头上，或直接把花朵插在头发上打扮自己，把它看作欢乐的化身。各种颜色的风信子还有着各自不同的花语。如紫色风信子被人们认为是"嫉妒"的代名词。蓝色风信子在英国，一直是婚礼中新娘的捧花或饰花，代表新人的纯洁，祈望风信子能为新人带来幸福。

凤仙花

Lmpatiens balsamina

[别名] 小桃红、指甲花、好女儿花等

[拉丁名] Lmpatiens balsamina

[科属] 凤仙花科凤仙花属

[习性] 一年或二年生肉质草本植物，六月至八月开花

[原产地] 伊朗一带

在中国古代，妇女有以染红指甲为美的习惯。由于凤仙花瓣捣成的汁能染指甲，故深受女性的喜爱。当时，人们把红色的凤仙花瓣捣碎，加少许明矾在内，然后把手洗净，把捣碎的花瓣敷在指甲上，刚开始染的时候呈淡红，经反复数次成深红，可保很久不褪色。明代的徐阶有诗云："金凤花开色最鲜，佳人染得指头丹。"

凤仙花的得名和它的形状有关，因其开花时花头、花瓣翘然如凤尾，故名。

李时珍在《本草纲目》中写道："凤仙花其果实如小桃，老则迸裂，妇女喜采其花及叶包染指甲，故又有小桃红、指甲花等别称。"《花史》中提到：南宋光宗李后小名凤娘，宫中避讳，呼凤仙为"好女儿花"。

原产伊朗一带的凤仙花，是宋时作为观赏花卉，有意引入我国的。该花在中国各地广泛栽培，且历史相当悠久。民间常用其花及叶染指甲，茎及种子入药。茎有祛风湿、活血、止痛的功能，用于治风湿性关节痛、屈伸不利；种子称“急性子”，有软坚、消积的效果，用于治噎膈、骨鲠咽喉、腹部肿块、闭经等。

作为观赏的凤仙花，如鹤顶、似彩凤，姿态优美，妩媚悦人。香艳的红色凤仙和娇嫩的碧色凤仙都是早晨开放。清晨，当第一缕阳光照耀大地的时候，正是欣赏凤仙花的最佳时机。由于凤仙花花色斑斓，花期漫长，且栽培容易，故民间最宜于门前屋后种植，也适于在园林庭院中作花坛、花境或花篱布置。

凤仙花浑身都是宝，除了能美化指甲外，它还能食用。明代的《救荒本草》一书中记载，凤仙花叶味苦、微涩，可用于救饥，采苗叶煠熟，水浸一宿做菜，油盐调食。另外，人们煮肉、炖鱼时，放入数粒凤仙花种子，肉易烂、骨易酥，别具风味。

只是在中国古代，因该花易种易长，随插随活，文人雅士常把它归入低贱的花卉，称其为“菊婢”，相当于只能做花中的奴婢。

当然，大多数有识之士还是十分喜爱凤仙花的，如《三柳轩杂识》中把凤仙花列为花卉五十客，因其妩媚而称“媚客”。就连宋代大文学家欧阳修也让家人把该花植于自家庭院，并写诗赞美“金凤花”。明代诗人瞿佑则在《渭塘奇遇记》一文中写道：“洞箫一曲是谁家？河汉西流月半斜。要染纤纤红指甲，金盆夜捣凤仙花。”其中最有意思的是清代名中医赵学敏，他根据凤仙花色杂善变的特点，亲手种植、改良凤仙花，获得极大成功，使得凤仙花的色彩姹紫嫣红，赵学敏还为该花写了唯一的一本专著《凤仙谱》。

在国外，因凤仙花本身带有天然红棕色素，人们很早就种植这种植物，用它的汁液来染指甲和修饰自己。据记载，埃及艳后就是用凤仙花的汁液来染头发的。著名的印度身体彩绘，也是用它来染色的。

鹤望兰

Strelitzia reginae

[别名] 天堂鸟蕉、极乐鸟花等
[拉丁名] Strelitzia reginae
[科属] 旅人蕉科鹤望兰属
[习性] 多年生常绿草本植物，秋冬季开花，花期长达100天以上
[原产地] 南非好望角

鹤望兰真是花如其名，每株花朵都像是有只彩鸟停驻枝头般的艳丽动人。在原产地，据说鹤望兰是一种能召来吉祥彩鸟的美丽花卉，所以当地土著把它视为“自由、吉祥、幸福”的象征。1901年由日本引入中国台湾，它是作为观赏花卉引进的。它的得名和其形状有关。这种植物花形奇特，色彩夺目，宛如仙鹤翘首远望，而它的叶又似兰，所以称之为“鹤望兰”。

西方人认为这种植物酷似鸟冠和鸟嘴，所以英语中有美称“Bird of Paradise”，译为“天堂鸟蕉”。而这名字据说是为了纪念英王乔治三世的王妃斯翠莉亚，她一生喜欢奇花异草，生前还许愿来生化作一只天堂鸟。于是人们便用她的名字作为天堂鸟蕉的属名。在东方，又因鹤望兰花形独特、色彩夺目，所以人们

给它起了个颇有佛家意境的名字——极乐鸟花。人们相信，有极乐鸟生长的地方，便有极乐的净土，而净土的具体象征便是极乐鸟花。

鹤望兰引进我国后，一直属于稀有的名贵花卉。它的花极为娇艳，花蕊呈天蓝色，围在花蕊周围的花萼却是艳丽的橙黄色，而托在底部的包片又是镶有紫色花边的蓝绿色，整朵花绽放在挺拔的绿叶中，颇似仙鹤昂首遥望之姿。鹤望兰被引进后就一直是插花艺术的主要材料之一。这种色彩瑰丽的花朵，依次盛开后呈羽冠状竖立。只要一朵天堂鸟，就足以使得整个花束显得栩栩如生了。而且该花花期长，切花瓶插时每朵可开13至15天，一朵谢了，另一朵又相继怒放，煞是热闹。

鹤望兰的适应性强，栽培容易，是一种有经济价值的观赏花卉，是鲜花市场中重要的切花。除了作为居家插花外，鹤望兰还可以盆栽的形式摆放在宾馆、接待大厅和大型会议场所，让环境产生一种清新、高雅、富贵的感觉。它在南方常常丛植于院角或点缀在花坛中心，同样景观效果极佳。

这种被称作极乐鸟或天堂鸟的花，从它诗一般的名字中，不难想象它的高贵和典雅。

红花石蒜

Lycoris radiata (L'Her.) Herb.

[别名] 彼岸花、黄泉路上的花、石蒜花、地狱花等

[拉丁名] Lycoris radiata (L'Her.)Herb.

[科属] 石蒜科石蒜属

[习性] 多年生草本植物，九月至十月开花

[原产地] 东南亚等地

相传红花石蒜是一种自愿投入地狱的花朵，被众魔遣回，但它仍徘徊于黄泉路上。于是众魔不忍，遂同意让它开在此路上，给离开人界的魂们一个指引与安慰。该花一般在秋分前后开花，那时正是古人所谓的秋彼岸日，所以又被叫作彼岸花。还有一种说法是：彼岸花开放时看不到叶子，而有叶子时又看不到花，花叶两不相见，生生相错，故名。

因这种花经常长在野外的石缝里、坟头上，所以有人说它是“黄泉路上的花”或称“死人花”。因其花开时有种特殊的味道，有点像大蒜，又叫石蒜花。红花石蒜生长的地方大多在田间小道、河边步道，到了花季常常成片盛开，远远看上去就像是用鲜血铺成的地毯，又因其红得似火而被喻为“火照之路”，相传人

死后就踏着这花的指引通向幽冥之狱，故也叫“地狱花”。

红花石蒜有红、白、黄、淡紫等色。红色的花又名曼珠沙华。据《佛光大辞典》载，“曼珠沙”是梵语“manjusaka”的音译，“华”在古汉语中即是“花”之意。曼珠沙华是四种天花之一，乃天界之花名。其花鲜艳柔软，诸天可随意降落于此花，以庄严说法道场，见之者可断离恶业。

红花石蒜的美，是妖艳、灾难、死亡与分离的不祥之美。或许是因为它深红鲜艳的色泽让人联想到血，也或许是因为它的鳞茎含有剧毒，在一般的文学作品中，它的形象通常与疯狂、血腥之类联系在一起。在《炎之蜃气

楼》中，日本小说家桑原水菜笔下景虎自杀的瞬间，喷出的鲜血如同成群盛放的彼岸花。

一到秋天，就绽放出妖异浓艳得近于红黑色的红花石蒜，使成片的花田看上去便是触目惊心的赤红，如火，如血，如荼。在西方传说中，这种花也很神秘。传说花香有魔力，能唤起死者生前的记忆！

红花石蒜大片种植极其壮观，这种花在日本自古以来就被人们所熟知。由于该花往往盛开在墓地附近，色泽鲜红似血，花期又近秋分（日本的祭礼节日），加之叶落花开、花落叶发，永不相见，因此在日本传说中，此花便带上了死亡和分离的不祥色彩，较常用于丧礼，又被称为死亡之花。然而在中国并无此种说法，红花石蒜反因其鲜艳色彩而成为常见的喜庆用花，在中国的花语是“优美纯洁”。

在我国的中医典籍中，红花石蒜的鳞茎能消肿、杀虫，治淋巴结结核、疔疮疖肿、风湿关节痛、蛇咬伤、水肿，还可灭蛆、灭鼠、防瘟疫等，所以又被称作健康的守护神。但因其根茎有毒，球根含有生物碱利克林毒，如果误食，可能会导致中毒。轻者呕吐、腹泻，重者可能会导致中枢神经系统麻痹，有生命危险。

花毛茛

Ranunculus asiaticus L.

[别名] 芹菜花、波斯毛茛、陆莲花等

[拉丁名] Ranunculus asiaticus L.

[科属] 毛茛科毛茛属

[习性] 多年宿根草本花卉，四月至五月开花

[原产地] 欧洲东南部、亚洲西南部

在四五月间的花市中，到处可见一盆盆含苞怒放、玲珑秀美的花毛茛，抑或是一束束包扎精致的鲜切花。花色鲜艳丰富的花毛茛让光线有点暗淡的花市天棚鲜亮了很多，也吸引了不少走过路过的顾客。这种被称为洋牡丹的植物，虽然植株不高，身形也不婀娜，但其重瓣或半重瓣的花朵，就像一簇簇色泽艳丽的小型牡丹花挂满枝头。

花毛茛的得名和其特征有关。明代李时珍在《本草纲目》中说："茛，乃草乌头之苗，此草形状及毒皆似之，故名。《肘后方》谓之水茛。""毛茛"是指该植物叶片上长有细毛。另外还有一种生在水边的叶面很光滑的叫"水茛"。我们这里说的花毛茛因其植物有毒，形状又似我国传统植物毛茛，故称之为花毛茛。

花毛茛因花色丰富，花形似小号的牡丹花，叶子似芹菜的叶片，故常被称为芹菜花。因其原产地之一在亚洲西部，故又名波斯毛茛。因其盛开时美如水中莲花，所以又有陆莲花，即开在陆地上的莲花的美称。

原产于欧洲等地的花毛茛，是1596年首先由英国人进行人工栽培的植物。因其栽培的品种花美色艳而传遍全世界，在园林和切花中很常见。现在各国多有栽培，尤以荷兰、英国、法国、美国、日本等栽培较多，并且培育出许多切花和盆栽品种。我国在20世纪90年代开始从荷兰、日本等国引种，作为切花、盆栽和春季花卉展览用花在各大城市大量栽培。

花毛茛开花大而美丽，引进后常种植于树

下，或丛植于草坪中、建筑物的阴面。通常矮生或中等高度的花毛茛多用于园林花坛、花带和家庭盆栽。切花种类的则专门作室内瓶插。如今，独具风格、别有情趣的花毛茛，已是春季盆栽观赏、布置露地花坛及花境、点缀草坪和用于鲜切花生产的理想花卉，是一种蔽荫环境下优良的美化材料，有着非常广阔的开发前景。除了观赏价值外，花毛茛还有药用价值：该植物虽然有毒，但它在药用方面具有利湿、消肿、止痛、退翳、截疟、杀虫等功效。

喜凉爽忌炎热的花毛茛，因花开时节繁花似锦，在西方是非常受欢迎的一种植物。它的花语就是“受欢迎”。相传公元13世纪的法兰西斯科教会修士圣安索尼，每每在宣扬基督教义及传福音的时候，总会吸引大批信徒前往聆听，所以代表他的花就是花毛茛。

火鹤花

Anthurium andraeanum

[别名] 红掌、花烛、安祖花等
[拉丁名] Anthurium andraeanum
[科属] 天南星科花烛属
[习性] 多年生冬绿草本植物，四季开花
[原产地] 南美洲热带雨林及哥伦比亚、厄瓜多尔等地

说起火鹤花，可能许多人不知道；但一说红掌，那可是无人不知、无人不晓。在百花丛中，鲜艳的火鹤花总令人惊艳。这种来自热带的植物，有着吸引人眼球的显眼花苞，花色又红得耀目，所以常成为喜庆宴会上亮丽的花明星。其得名和形状有关，因该花开花时，佛焰苞花序中的黄色肉穗花序好像鹤鸟弯曲的颈项，故名。

因花苞呈掌形，色泽红艳，俗称红掌。又因花苞所长的肉穗好像一支短小的蜡烛，也称花烛。至于别称安祖花，是因为花形似尾巴，所以取自希腊语中“花”（anthos）和“尾”（ours），音译为“安祖花”，意译为“有尾巴的花”。

火鹤花叶片翠绿欲滴，火红的佛焰苞花

序置身其上，红与绿的搭配十分经典，而其中的肉穗花序为黄色，镶嵌在那一片火红之中更是起到了画龙点睛的作用。正是由于其卓越的风姿，火鹤花引进中国后，受到了很多花卉爱好者的喜爱。它那娇艳、富有闪光的蜡质花朵，红红火火的，符合中国传统文化中百姓对吉祥如意生活的祈盼。故当新店开张或婚礼喜庆时，人们喜欢挑选它插花篮，以增添欢乐的气氛。

这种集红、绿、黄三种鲜艳色彩于一身的花，丰富而不单调，多彩而不繁杂，还特别适合用来布置家居。用活力四溢的火鹤花与其他绿色植物相互衬托，交相呼应，就可以布置出一个气氛恬淡的空间。而那独特的造型，如果和富有亲和力的木质家具、壁纸、布艺、餐具等搭配，会带给你一份田园牧歌式的宁静，让你安适地度过片刻清静时光。因火鹤花的花期长，色彩丰富，切花水养可长达一个半月，而且全年都可开花，这几年来迅速成为国内外新兴的切花和盆花。只是火鹤花虽然光彩耀眼，却容易受折损，所以购买时因注意它的苞片是否完整和光亮。

擅长花道的日本人也非常喜欢火鹤花，他

们在运用“天、地、人”的插花方式时往往把火鹤花插在“天”的位置，以显示它的英姿，并且冠以“大红团扇”的美誉。

因其具有鲜艳夺目的特色，许多欧美人士把它视为“热烈、豪放”的象征，普遍采用西方插花的方式，用低浅的瓶集丛插养，周围再陪衬白色或紫色的小花，使厅堂显得异常瑰丽和华贵。

虽然火鹤花的花语为大展宏图、热情，但把它作为花礼送人，还是有一定讲究的。因一枝火鹤花表示“孤掌难鸣”，所以赠送的时候不宜单枝赠送，最好多送几枝。由于在火鹤花的原产地，白色火鹤花有“虚情假意”的意思，当地人认为白色的火鹤花代表的是一颗褪色或漂白了的心。所以白色火鹤花并不代表纯洁，不宜拿来送人。

鸡蛋花

Plumeria rubra L. cv. Acutifolia

[别名] 鹿角树、蛋黄花、不花心、好男人花等

[拉丁名] Plumeria rubra L. cv. Acutifolia

[科属] 夹竹桃科鸡蛋花属

[习性] 落叶灌木或小乔木，五月至十月开花

[原产地] 墨西哥

在热带旅游胜地夏威夷，人们喜欢将采下来的鸡蛋花串成花环作为佩戴的装饰品，每当贵客临门，热情好客的夏威夷人，就会为人们献上一串串鸡蛋花环。因此，鸡蛋花又是夏威夷的节日象征。

高贵、简洁、神圣的鸡蛋花，引入我国已有数百年历史。鸡蛋花的名称由来和其形状有关，因其花形似一个个摊好的鸡蛋，故名。

鸡蛋花还有好多别称：一到冬天，叶子掉光后，光秃秃的树枝就像鹿角的模样，因此称为“鹿角树”。因其筒状的花冠，外面呈乳白色，中心鲜黄色，像蛋黄，所以又叫“蛋黄花”。因为鸡蛋花没有花蕊，“不花心”，故也被人们称为“好男人花”。

鸡蛋花是一种很具观赏价值的花卉植

物，夏季开花，清香优雅。整株树显得婆娑匀称、自然美观。树干是自然形成的形状，苍劲挺拔，很有气势。花开后的香气一直能保持到花落后数天。同时它还具备绿化、美化、香化等多种效果，成为中国南方绿化中不可或缺的优良树种。

除了观赏价值外，鸡蛋花还有很高的经济

价值。无论是白色的还是红色的鸡蛋花，花都可以提取香精供制造高级化妆品、香皂和食品添加剂之用，而且价格颇高，极具商业开发潜力，还可以将白色的鸡蛋花晾干做成凉茶饮料。鸡蛋花的树干为白色，质轻而软，

可制乐器、餐具或家具。

同时，鸡蛋花还有药用价值。晒干后的花瓣泡茶喝，加上一小勺蜂蜜，温服冷饮都可口，在饭后来上一杯，爽口润喉又能清热解暑。鸡蛋花也是一味略带甘苦的中药，可治疗咽喉疼痛、中暑、痢疾、腹痛等。它还可以搭配其他中药治疗秋冬转季时的咳疾，有化痰清肺的作用。

在夏威夷，人们喜欢将鸡蛋花串成花环献给贵宾，或者作为节日的装饰品佩于胸前。在老挝，鸡蛋花被定为国花，倍受尊崇。在泰国，女孩子们喜欢把鸡蛋花插在头发上。在我国西双版纳，鸡蛋花被佛教寺院定为“五树六花”之一，故又名“庙树”或“塔树”。所谓“五树六花”，是指佛经中规定的寺院里必须种的五种树和六种花。五种树是指菩提、高榕、贝叶棕、槟榔和糖棕；六种花是指莲花、文殊兰、黄姜花、鸡蛋花、缅桂花和地涌金莲。这些植物因其独特的形态被赋予了深厚的佛教内涵。另外，鸡蛋花也是西双版纳地区的傣族人用来招待宾客的特色菜。

鸡冠花

Celosia cristata L.

[别名] 鸡冠红、波罗奢花、洗手花等

[拉丁名] Celosia cristata L.

[科属] 苋科青葙属

[习性] 一年生草本植物，七月至十二月开花

[原产地] 东南亚、非洲、美洲等地

当夏天的热情被萧瑟的秋风所替代时，鸡冠花却如火似霞般地绽放了，鲜艳的红色给清秋带来了一股豪爽的气息。因为鸡冠花的花期长、花色鲜艳、花序婀娜，在我国传统花卉中，一直是布置庭院及花坛的好材料。

鸡冠花是唐人作为观赏花卉引入长安的，享有“花中之禽”的美誉。它的得名与其特征有关。这种花因色泽鲜红、形似鸡冠，故称。李时珍在《本草纲目》中称它是“以花状命名”。

该花还有好些别称。因其花朵红如鸡冠，所以又称鸡冠红；该花又叫“波罗奢花”，源自西域佛书的音译。清代高士奇在《天禄识余·鸡冠》一书中说：“鸡冠花，佛书谓之波罗奢花，又汴中谓之洗手花。”

鸡冠花因为易生易长，也因其品种繁多，在世界各地广为栽培。该花花序顶生，形状多样，色彩鲜艳，在园林观赏花卉中有着较高的经济价值，是著名的露地草本花卉，也是重要的花坛花卉，同时还是很好的切花材料。鸡冠花也可制成干花，经久不凋。矮型品种的鸡冠花还适合做盆栽。

另外，鸡冠花还具有很高的药用价值，《辞海》载：鸡冠花清热止血，主治赤痢、便血、崩漏、带下等症。

除了药用价值外，鸡冠花在我国历史上曾作为救荒济生的食品。如今，鸡冠花的作用已引起国内外科学家的重视，可作为一种补充粮食，提供营养平衡所特别需要的氨基酸，而且营养全面，风味独特，堪称食苑中的一朵奇葩。如花玉鸡、红油鸡冠花、鸡冠花蒸肉、鸡冠花豆糕、鸡冠花籽糍粑等形形色色的用鸡冠花做的美食，各具特色，鲜美可口，令人回味无穷。

鸡冠花引入我国后，古往今来赞赏它的诗文很多。元代姚文奂有《题画鸡冠花》诗：“何处一声天下白？霜华晚拂绛云冠。五陵斗罢归来后，独立秋亭血未干。”宋代赵企有《咏鸡冠花》诗：“秋光及物眼犹迷，著叶婆娑拟碧鸡，精彩十分佯欲动，五更只欠一声啼。”这里是把鸡冠花比作栩栩如生的雄鸡，写得非常生动。

尤其是明代的吴彦匡，在其名著《花史》中有一段解缙作鸡冠花诗的故事。解缙是明成祖时的翰林学士，从小才气横溢。皇帝爱其才而厌其傲。一天，皇帝到御花园赏景，见满园一片鲜红的鸡冠花中，夹着一株白鸡冠，觉得很稀奇，就把它摘下，想去难一难解学士。皇帝走到翰林院，召解学士作鸡冠花诗。解缙提笔写了第一句“鸡冠本是胭脂染”，皇帝看了笑道：“鸡冠花都是红的吗？”“是！”解缙自信地答道。皇帝笑了笑，把藏在袖中的那朵白鸡冠花拿出来想看解缙如何写下去。不料，解缙不慌不忙地接了第二句：“为何今日浅淡妆？”皇帝见未能难住他，就紧逼着问：“你说为何？”解缙续上最后两句：“只为五更贪报晓，至今戴却满头霜。”皇帝禁不住连声赞叹。

夹竹桃

Nerium indicum Mill.

[别名] 柳叶桃，洋桃、半年红，甲子桃等

[拉丁名] Nerium indicum Mill.

[科属] 夹竹桃科夹竹桃属

[习性] 常绿直立大灌木，一年三季开花

[原产地] 印度、伊朗、阿富汗等地

正如季羡林先生所说：夹竹桃不是名贵的花，也不是最美丽的花，它既不争俏，也不斗艳，它只是在那里悄悄地一声不响，一朵花败了，又开出一朵，一嘟噜花黄了，又长出一嘟噜。在和煦的春风里，在盛夏的暴雨里，在深秋的清冷里，看不出有什么特别茂盛的时候，也看不出有什么特别衰败的时候，无日不迎风吐艳。从春天一直到秋天，从迎春花一直到玉簪花和菊花，无不奉陪。

夹竹桃在我国的栽培历史非常悠久，遍及南北城乡。夹竹桃喜欢充足的阳光和温暖、湿润的气候条件。当然它也稍耐寒，在暖温带地区均可露地越冬，不落叶，是一年有三季开花的常绿灌木，明代的时候作为观赏花卉引入我国。它的名称来源和其生长特征有关。“夹”同

“狭”，义为狭窄。夹竹桃的得名是因为这种植物的叶是对生或三枚轮生，像竹叶而比竹叶狭窄些，而花形似桃花，故称。

夹竹桃的叶长得很有意思。三片叶子组成一个小组，环绕枝条，从同一个地方向外生长。夹竹桃的叶子是长长的披针形，叶的边缘异常光滑，叶子上主脉从叶柄笔直地长到叶尖，众多支脉则从主脉上生出，横向排列得整整齐齐。远远望去有点像柳树的叶子，故别称柳叶桃。又因其花似桃，叶像竹，一年三季，常青不败。从春到夏到秋，花开花落，此起彼伏，迎着春风、冒着暴雨、顶着烈日，吐艳争芳，所以又叫洋桃、半年红。因夹竹桃的果期一般在冬春季，而且很少结果，在古代传说60年才结一次果，所以又称甲子桃。

因为该花易栽培，而且花期长，开花的时候红花灼灼、灿若桃花，白花似雪、胜似白云，是庭院常见的观赏植物，自古以来也一直深受人们的喜爱。宋汤清伯就有“芳姿劲节本来同，绿荫红妆一样浓。我若化龙君作浪，信知何处不相逢”的诗句赞美它。我国古代的妇女还喜欢用夹竹桃簪发。清代的《花镜》中说到夹竹桃，“以此花配茉莉，妇女簪髻，娇袅可挹”。还有些花草爱好者在一株夹竹桃上嫁接上许多品种，花开时十分繁艳。

虽说夹竹桃是有名的观赏花卉，但却有毒，叶、树皮、根、花、种子均含有剧毒，人、畜误食能致死。

不过夹竹桃毒归毒，只要合理应用，它浑身其实都是宝。比如夹竹桃的茎皮纤维能作为很好的纺织原料；夹竹桃的种子含油量58.5%，可榨制润滑油，是不错的工业原料。夹竹桃还有抗烟雾、抗灰尘、抗毒物和净化空气、保护环境的能力。在现代医学中，其药用价值体现在：夹竹桃的水煎液，试用于各种原因引起的心力衰竭，取得了良好效果。夹竹桃苦寒、有毒，可用于治疗心脏病、心力衰竭、经闭，还可用于跌打损伤、瘀血肿痛等症。

金盏花

Calendula officinalis

[别名] 金盏菊、常春花、家庭主妇的时钟等

[拉丁名] Calendula officinalis

[科属] 菊科金盏菊属

[习性] 一年生或二年生草本植物，四月至九月开花

[原产地] 南欧至地中海一带

美丽的金盏花自从18世纪引入我国后，因其金灿灿的一派富贵样，不但成了早春时节的主要花卉之一，也是园林和城市最常见的草本花卉之一。早在清代的乾隆年间，上海郊区已见成批栽培，以供市场之需。新中国成立后，金盏花在园林中更是得到广泛栽培，应用于盆栽观赏和花坛布置。

金盏花的得名与其形态有关，因该花的色泽多为明黄或橙黄色，故称“金”；花瓣密密聚拢成浅盆状，故称“盏”。金盏花的花瓣和菊花瓣很相似，故又有“金盏菊”一称。因花一直从四月开到九月，所以别称常春花。

金盏花拉丁学名中的“Calendae”，意为“每个月的初一”。这是因为根据罗马人的观察，金盏花总是在月初开放。在西方，金盏花还有一个别名，叫“家庭主妇的时钟”。因为这种植物固定在早晨的某个时间开花，然后在晚上的某个时间闭合，是一种相当守时的花。所以它的花语也是“一丝不苟”。

金盏花生命力强，花期长，对土壤要求亦不高，是世界各地园林中很受欢迎的花种。而且它还有很高的使用价值，金盏花的抗二氧化硫能力很强，对氰化物及硫化氢也有一定抗性，是优良的抗污染花卉。金盏花同时亦是药用花卉，有止痛、杀菌、消炎的功效。此外，它还能促进血液循环，缓和酒精中毒，故也有益补肝脏的功效。

平时，人们经常饮用金盏花茶。用金盏花的花瓣泡茶，能发汗、利尿、清湿热。它的花还能制成色拉，或用于烹调以增加色香味。

古埃及人认为金盏花能延缓衰老。在欧洲民间，人们将金盏花瓣用来蒸脸、洗药草浴或手足浴，这都是源于金盏花富含多种维生素。金盏花的花瓣含有类胡萝卜素、番茄烃、挥发油、树脂、苹果酸等，所以有美容的功效。根含苦味，可以用来滋养肌肤。

千百年来，金盏花可赏可用、亦食亦药的多面性和丰富的寓意为它赢得了无数赞美，连莎士比亚都曾把它写入诗句。人们对它的热爱和使用可以追溯到远古文明的时代。古埃及、古希腊和古罗马人都曾通晓它疗病驻颜的功效。在印度，金盏花被尊奉为圣花，用以装饰神庙；因其寓意吉祥，它还是印度式婚礼中用来装饰新娘和厅堂的首选花卉。因金盏花是绿色、纯天然的食品添色剂，法国诺曼底地区用金盏花提炼的色素为牛油添染金黄色泽。相传它还有预测天气的功能：如果花在早上7点以前开放，当日必定是晴天，反之则要下雨。

君子兰

Clivia miniata

君子兰是深受我国人民喜爱的一种观赏花卉，君子兰的植株文雅俊秀，配上似剑的绿叶和漏斗状的艳丽花朵，不但形美名更美。

得名与其形态有关，君子兰的外貌和中国传统名花兰花相似，而以香味著称的“兰”，汉字的繁体作“蘭”，形声字，从艸，闌(lán)声，本义即指兰草。声符“阑”的本义又可指门前的格栅，因兰草叶子生长的形态与之相仿，故“蘭”以闌为声符。至于称其为“君子”，是因为其植株秀丽，有翩翩君子风度。1854年，该植物传到日本后，有个叫大久保三郎的学者，根据这植物的特色，给它取名君子兰。君子兰传到中国后，这个名字也深受中国人的喜爱，哪个不想与“君子”为伍，与“兰”为邻呢？

君子兰还有不少别称。因该花的花型大，

[别名] 大花君子兰、剑叶石蒜等

[拉丁名] Clivia miniata

[科属] 石蒜科君子兰属

[习性] 多年生肉根草本植物，花期一般从当年十月起至翌年五六月

[原产地] 非洲南部

又称大花君子兰。因其有叶片狭长似剑，又名箭叶石蒜等。

人们喜爱君子兰，主要是因为它花期长，长到当年十月起到翌年五六月才结束。特别是在北方，每到天寒地冻百草凋零的时候，只有君子兰一枝独秀。尤其春节前后，它们竞相吐艳，为节日增添光彩和欢乐。

君子兰是我国花卉爱好者的心头好，每逢花会、花展，总是能成为引人注目的明星。人们宠爱君子兰，因为它的花、叶、果实都有观赏价值，这在花卉中是很少见的。相传这种原产于非洲南部的野生植物，在1828年被一名欧洲移民认定是一种大有前途的观赏植物，于是花了很大的劲，才把它引入欧洲。在欧洲试种成功后，这植物的秀丽吸引了欧洲的花卉爱好者，成为极受欢迎的盆栽之一。而它的学名Clivia，是由英国的一位公爵夫人首先采用的。

我国在20世纪二三十年代从欧洲和日本引入了两个品种的君子兰。一个品种花小而下垂，称垂笑君子兰；一个品种花大而向上，称大花君子兰，是目前栽培最普遍的一个品种。

君子兰有着极高的观赏价值，它株形端庄优美，叶片苍翠挺拔，花大色艳，果实红亮，叶花果并美，有一季观花、三季观果、四季观叶之称，是重要的节庆花卉。同时，君子兰还具有吸收二氧化碳、放出氧气及吸收尘埃的功能，具有不错的环保价值。另外，君子兰还可全株入药。其植株体内含有石蒜碱和君子兰碱，还含有微量元素硒，这些物质不但有抗病毒作用，而且还有抗癌作用。

总之，君子兰是一种经济价值较高的植物，因其体积小，单株价值高，人们把它视为低风险高收益的“绿色股票”。

康乃馨

Dianthus caryophyllus

[别名] 麝香石竹、大花石竹等
[拉丁名] Dianthus caryophyllus
[科属] 石竹科石竹属
[习性] 多年生常绿亚灌木，四月至九月开花
[原产地] 南欧、地中海北岸一带

康乃馨得名来源于英文“Carnation”的音译。康乃馨是一种早在古希腊便已广泛种植的花卉，古希腊人称之为“神花”。除此之外，古罗马人也十分喜爱康乃馨。他们用这花来编制戴在头上的花环，以致于有些英国作家将“康乃馨”与“加冕（Coronation）”混为一谈，甚至认为后者是康乃馨的引申。实际上，这种花得名于它的颜色，在古法语中本是指像“肉色”一样的颜色。在中国，其正式名称为“香石竹”，属石竹科花卉。

早在1910年，一个英国牙医师把康乃馨作为观赏植物带入了上海。因为康乃馨花色多样，鲜艳芳香，很快就受到了人民的喜爱，成了最受欢迎的切花之一，人们常把它用来作插花、胸花等。

康乃馨有许多别名，如麝香石竹、大花石竹等。因其茎具节，膨大似竹，花香似麝香，早在清《花镜》中就有介绍："枝叶如苕，纤细而青翠。"故名麝香石竹。因其花朵艳丽、个大，又称大花石竹。康乃馨有袭人的芳香，因而在西方有别称"酒浸的"。这显然是因为这种喜爱阳光的植物的香气令人陶醉。

在西方，因康乃馨体态玲珑、斑斓雅洁、端庄大方、芳香清幽，是美好典雅的典范，所以人们常将康乃馨作为送给母亲的礼物，用它来表达对母亲的爱与祝福。而在中国，自古就有自己的母亲花——萱草。这是一类百合科多年生草本植物，开橘红或橘黄色的花朵，十分艳

丽。在中国，萱草代表忘忧、疗愁，是对母亲的安慰。古代游子在远行前，会到母亲居住的北堂前种植萱草供母亲欣赏，以表孝心。希望亮丽的萱草花给母亲精神慰藉，忘却思子之愁。

1907年5月，美国人安娜小姐在母亲的追悼会上，献上一束康乃馨用来怀念母亲，从此渐渐演变为以康乃馨象征母亲的世界性习俗，这也是花语“慈祥”“温馨”的由来。1934年5月美国首次发行母亲节邮票使康乃馨更加出名。邮票图案是一位母亲凝视着花瓶中插的康乃馨。邮票的传播把康乃馨与母亲节联系起来。于是西方人也就约定俗成地把康乃馨定为母亲节的节花。每当母亲节这一天，母亲健在的人佩戴红色康乃馨，并制成花束送给母亲。而已丧母的人，则佩戴白色康乃馨，以示哀思。康乃馨随着母亲节的兴起，成为全球销量最大的花卉。

近年来中国人也越来越接受美丽、温婉、清香的康乃馨，把它作为献给母亲的花，只是献给母亲的时候，别忘了再插几枝漂亮的萱草哦。

马蹄莲

Zantedeschia hybrida Spr.

[别名] 观音莲、慈姑花、野芋、海芋等

[拉丁名] Zantedeschia hybrida Spr.

[科属] 天南星科马蹄莲属

[习性] 多年生球根草本植物，三月至八月开花

[原产地] 非洲南部

在中国台湾的阳明山里有一座云雾缭绕的山谷，每年三月中旬，那里盛开着一片片洁白的马蹄莲花。沿着马蹄莲最为密集的下湖散步，远方是宁静的山冈，脚边则盘绕着一朵朵洁净如仙子的马蹄莲花。

马蹄莲因其体态高雅、寓意圣洁，在欧洲一直深受人们的喜爱。因其花语是“忠贞不渝，永结同心”，故在欧美国家是新娘捧花的常用花。马蹄莲喜欢生长在河流旁或沼泽地中。其得名与形态有关，因马蹄莲的花苞形似马蹄，故名。

马蹄莲的形状又颇似观世音端坐在圣洁的莲座上，故又名观音莲。其叶子形似水生植物慈姑，也像芋头的叶子，喜生长在野外温暖湿润的环境中，所以又名慈姑花、野芋、海芋等。

马蹄莲引进中国后，因其叶片翠绿、花苞洁白硕大、形态优美，深受国人的喜爱，一直是鲜花市场人气极旺的切花花卉。

虽说马蹄莲长得清纯又美丽，但有毒，植物含有大量草本钙结晶和生物碱，其毒性集中于块茎、佛焰苞和肉穗花序，咀嚼一小块块茎可引起舌喉肿痛。尽管如此，马蹄莲还是有着很高的经济价值。

一是药用价值。马蹄莲具有清热解毒的功效。把适量的鲜马蹄莲块茎捣烂外敷，能

治烫伤。在创伤处，用马蹄莲块茎捣烂外敷，还能预防破伤风。但马蹄莲是禁止服用的。

二是观赏价值。马蹄莲花朵美丽，而且宜栽种。春秋两季开花，花朵有着淡淡的清香。因马蹄莲单花的花期特别长，所以是装饰客厅、书房的良好盆栽花卉，也是切花、花篮的理想材料。马蹄莲的切花水养，能经久不谢，是馈赠亲友的礼品花卉。在热带、亚热带地区，它也是铺设花坛的好材料。目前，马蹄莲在国际花卉市场上已成为重要的切花品种之一。

马蹄莲喜欢温暖湿润的环境，不耐干旱，有“浇不死”之称，所以盆土要保持湿润，不能缺水。种植马蹄莲的环境如果干燥，就要向地面喷水，保持一个湿润的小环境。在生长、开花期应充分浇水，保持盆土湿润；但花谢之后应减少浇水量，以利它休眠。

曼陀罗

Datura stramonium Linn.

[别名] 醉心花、曼达、洋金花等

[拉丁名] Datura stramonium Linn.

[科属] 茄科曼陀罗属

[习性] 一年生草本植物，夏秋季开花

[原产地] 墨西哥

在中国神秘莫测的江湖文化中，总少不了“蒙汗药”的影子，它是盗贼们惯用的一种神奇药剂。相传，被坑害的事主只要服用此药，便会立即晕倒，长睡不起，没有解药难以救治。或等药性散失后，方能苏醒，但往往已经人去楼空，钱物两尽了。这种蒙汗药的提炼物就来自曼陀罗花，在明朝人郎瑛《七修类稿》一书中有记载：“又《桂海虞衡志》载，曼陀罗花，盗采花为末，置入饮食中，即皆醉也。据是，则蒙汗药非妄。”曼陀罗自身气味辛苦，所以要用酒来调和，掩盖其味道。同时酒精本身就有麻醉作用，与花配合更有相得益彰之妙。

我国早在宋代以前，就因曼陀罗具有药用价值而引进。其名源自梵语“Mandala”的音译。在佛经中，曼陀罗是适意的意思。因曼陀罗花具观赏性，凡是见到此花的人都会感到愉悦，故名。相传，在佛国，空中时常发出天乐，地上都是黄金装饰的。有一种极芬芳美丽的花称为曼陀罗花，不论昼夜没有间断地从天上落下，满地缤纷。故《法华经》曰：“佛说法时，天雨曼陀罗花。”

该花久闻宜使人产生幻觉，故又名醉心花；根据其音译又称曼达等。

虽然曼陀罗花被称作佛家的祥瑞之花。但该植物全身有毒，尤以果实，特别是种子毒性最大，嫩叶次之。误食后，会出现口咽发干、吞咽困难、瞳孔放大、发烧、意识障碍、呼吸浅慢等症状。虽有毒性，但叶、花、籽都可入药。曼陀罗花是制造麻醉剂的主要成分。宋代周去钧《岭南代答》：“广西曼陀罗花，遍生原野，大叶白花，结实如茄子而遍生小刺，乃药人草也。盗贼采，干末之，以置人饮食，使之醉闷，则挈箧而趋。”意思是，这是一种能毒害人的植物，强盗采摘后，把它烘干磨成粉，下在食物中，使人吃了昏迷，然后抢去他们的东西逃之夭夭。

曼陀罗花不仅可用于麻醉，而且还可用于治疗疾病。其叶、花、籽味辛性温，有大毒。

花能去风湿，止喘定痛，可治惊痫和寒哮，煎汤洗治诸风顽痹及寒湿脚气。花瓣的镇痛作用尤佳，可治神经痛等。叶和籽可用于镇咳镇痛。

因曼陀罗花形美丽，色彩妖娆，不乏喜爱之人。金庸的《天龙八部》中，神仙姐姐王语嫣的老妈王夫人就因爱曼陀罗花，在庄子里遍植此花，后来干脆把山庄也叫作曼陀山庄。

佛曰："一花一世界，一叶一如来。"藏传佛教里有关微观宇宙的模型就叫"曼陀罗"。因曼陀罗花与佛门有缘，在南亚一带，此花深受人们的喜爱。夏秋季节里的斯里兰卡、尼泊尔等地的山区、茶园小道上，三步一棵、五步一簇，到处都盛开着素洁清雅、花大似喇叭的曼陀罗花。白的、粉的、红的，大大的花朵迎着朝阳怒放，裹着晚霞闭合，独自芬芳于山地原野。

茉莉花

Jasminum sambac (L.) Ait.

[别名] 末利、抹丽、雪瓣、鬘华等

[拉丁名] Jasminum sambac (L.) Ait.

[科属] 木樨科茉莉属

[习性] 多年生草本植物，六月至十月开花

[原产地] 印度、伊朗及阿拉伯半岛

“好一朵美丽的茉莉花，芬芳美丽满枝桠，又香又白人人夸……”这是一首脍炙人口的江南小调，唱出了中国人对茉莉花的喜爱。作为一种文化符号，《茉莉花》欢悦的韵律、友爱和谐的意境，唤起人们对美的感受和丰富的联想。

早在汉代就引入栽培的茉莉花，在我国的资格老得很，花名“茉莉”一词音译自古印度梵文“Mallika”。晋嵇含《南方草木状》称之为“末利”，《洛阳名园记》中称“抹丽”。正如《本草纲目》所指出的那样：“末利本梵名，无正字，随人会意而已。”这就是说“茉莉”是一个音译词，没有特别意义。因茉莉洁白如雪，又名“雪瓣”。其花“堪以饰鬘”，故称“鬘华”。

茉莉花早年种植于广东、福建等地，300

多年前，又从广东引种到苏州。开始时也像古梅、盘松，种于瓷盆、置之几上。后来，苏州花农掌握了茉莉喜热畏寒的特点，将之冬进暖房夏露天，充分利用江南水乡土肥水足的有利条件，摸索出一套有效的养护方法，培育出了别具一格的“苏州茉莉”，而苏州则有了“茉莉花城”的别称。

自从茉莉花在江南安家落户，就深受平民百姓的喜爱，把这普普通通的小白花做成了一项产业，一项极具艺术品位的产业。读了清代顾禄《桐桥倚棹录》中的《茉莉花篮》一则，你会对苏州虎丘、山塘一带的民俗风情心向往之。相传旧时当地的“豪民富贾、楚馆秦楼”喜欢买一种插得非常漂亮的“茉莉花篮”，里面插满用铜丝扎的蟾蜍、蝴蝶、元宝等物，然后在篮子的周围簪满茉莉，置于素朴的庭院或客厅里，空气里充溢着茉莉的幽香。而那些身穿素襟的江南女子，则喜欢在茉莉花开的季节里，于领口、襟边簪一朵雪白的茉莉花，飘然于黑瓦粉墙间。

茉莉在苏州不仅供观赏、装饰，还是制作花茶的主要原料，茶叶吸入茉莉花香，通过热处理，使香气固定下来，这就是我们通常所说

的窨制花茶。茉莉窨制的花茶，又叫茉莉香片，它那鲜灵持久的香气、醇厚鲜爽的滋味、黄绿明亮的汤色，不仅深受南方人的欢迎，更得到北方人的喜爱，用茉莉香片泡大碗茶在北方甚为流行。在北地只要有口饭吃，肯定得弄壶"高末"喝。不少北方人，至今仍保留着当年的老做法，清早起来先泡上壶茶，一直等到喝满足了，才吃了早点，出门上班去。这已成了北地的一种茶文化。

除了窨制花茶，茉莉花也是提炼精油的佳品。茉莉花提炼的"茉莉精油"，被广泛用于美容品的生产。

茉莉花纯洁、芬芳，在印度被视作佛教的吉祥物。按佛教习俗，人们把茉莉花用丝线串成花环，供奉于佛像前。南亚一带，茉莉花还可以用来装饰秀发。在印度的阿旃陀佛教石窟壁画里，菩萨的宝冠上就有镂金的茉莉花。

素洁、馥郁的茉莉花，在西方代表着忠贞、尊敬、清纯、质朴、玲珑等含义。许多国家将其作为爱情之花，青年男女之间，互送茉莉花以表达坚贞爱情。它也是友谊之花，把茉莉做成的花环套在客人颈上，表示尊敬与友好，成为一种待客的礼仪。

木棉花

Bombax ceiba Linn

[别名] 古贝、烽火、攀枝花、英雄花等
[拉丁名] Bombax ceiba Linn
[科属] 木棉科木棉属
[习性] 落叶大乔木，春季开花
[原产地] 印度等地

“姚黄魏紫向谁赊，郁李樱桃也没些。却是南中春色别，满城都是木棉花。”这是一首宋代诗人杨万里咏木棉花的诗。木棉花的得名与其特征有关。因种子中有白絮状的东西，似生长在树木上的棉花，故名。

因木棉的梵语为Karpassa，故别称取其音译名“古贝”。木棉还有一个名称叫“烽火”，源自南越王赵佗，以满树红花似烽火而得名。李时珍在《本草纲目》中说：“交广木棉，树大如抱，其枝似桐，其叶大如胡桃叶，入秋开花，红如山茶花，黄蕊，花片极厚，为房甚繁，短侧相比，结实大如拳，实中有白棉，棉中有子，今人谓之‘斑枝华’，讹为‘攀枝花’……”所以又称“攀枝花”。木棉树还有一个响当当的名称“英雄树”，因其树冠总是高出周围的树群，以争取阳光雨露。加之花盛开时，花红如血，硕大如杯，远观好似一团团在枝头尽情燃烧、欢快跳跃的火苗，极有气势。因此，历来被人们视为英雄的象征。

木棉最早见载于晋葛洪的《西京杂记》：西汉时，南越王赵佗向汉帝进贡烽火树，“高一丈二尺，一本三柯，至夜光景欲燃”，据说此烽火树即木棉树。

广州人对木棉树有着特殊的情感，这是因木棉一直造福岭南。粤人以木棉做棉衣、棉被、枕垫，唐代诗人李琮有“衣裁木上棉”之句。宋郑熊《番禺杂记》载：“木棉树高二三丈，切类桐木，二三月花既谢，芯为绵。彼人织之为毯，洁白如雪，温暖无比。”

木棉花较大，色橙红，极为美丽，可供观赏。古代广州木棉树种植甚广，其中以南海神庙前的十余株最为古老。每年旧历二月，木棉花盛开，每天来观者达数千人，场面热闹，清屈大均以《南海神庙古木棉花歌》颂之。现在南海神庙仍有两棵古木棉，久经风霜，挺拔依然。

木棉树属于速生、强阳性树种，树冠总是高出附近周围的树群，以争取阳光雨露。木棉这种奋发向上的精神及鲜艳似火的大红花，被人誉之为英雄树、英雄花。最早称木棉为“英雄”的是清人陈恭尹，他在《木棉花歌》中形容木棉开花“浓须大面好英雄，壮气高冠何落落”。1959年，广州市长朱光撰《望江南·广州好》50首，其中有“广州好，人道木棉雄。落叶开花飞火凤，参天擎日舞丹龙。三月正春风”之句。

木棉花还可以做药，每逢春末采集、晒干，经拣除杂质和清理洁净后，用水煎服，可清热去湿。

木棉树是一种很奇特的植物，虽然满树红花，却找不到一片绿叶。它总是抓紧在冬天落叶，春天开花，花谢后再长叶。在大自然中，有很多开花的植物，它们尽管枝叶未能与花儿相守一生，却也有交集，而木棉花呢？它却是花朵与绿叶极少交集，它们也许未曾映衬，却各有美丽。

南非万寿菊

Osteospermum ecklonis

[别名] 臭芙蓉、万寿灯、蜂窝菊、臭菊花等

[拉丁名] Osteospermum ecklonis

[科属] 菊科南非万寿菊属

[习性] 多年生宿根草本植物，八月至九月花期

[原产地] 非洲南部

万寿菊在中国一般是作园林的观赏植物，常栽于花坛或用作花境的拼组图形等。这种来源于非洲南部的草本植物。因其花呈金黄色，在当地常常是人们用来提取纯天然黄色素的理想原料。非洲土著还喜欢把万寿菊一束一束地垂吊在茅屋下面，用以驱赶苍蝇。万寿菊作为观赏花卉引入我国是21世纪初的事。其得名和形状特征有关，因该花花期长，故称万寿；又因其属于菊科，故名。

万寿菊还有好些别称，因它开花的时候会散发出一股特殊的异味，故名臭菊花，而这种气味也是一些昆虫非常讨厌的。因球形花朵的形状远远望去如一盏盏挂在田野里的灯笼，所以又叫万寿灯。而那些重瓣的花朵好似一个个蜂窝，人们又把它称为蜂窝菊。

在中国，万寿菊常常生活于路边草地，是一种很常见的花卉，就是这种毫不起眼的花儿，却有着极高的经济价值。其一，万寿菊的观赏性很强，尤其它的矮型品种花多株密，生长整齐，球形花朵完全重瓣。人们可根据自己的需要上盆摆放。而它的中型品种则花大色艳，花期又长，是作草坪点缀花卉的主要品种之一。万寿菊还有高型品种，特点是花朵硕大，色彩艳丽，花梗较长，如果用作切花，水养时间持久，所以是优良的鲜切花材料，也可作带状栽植代篱垣，及背景材料之用。

其二，万寿菊含有丰富的叶黄素。这是一种广泛存在于蔬菜、花卉、水果与某些藻类生物中的天然色素，它能够延缓老年人因黄斑退化而引起的视力退化和失明症，以及因机体衰老引发的心血管硬化、冠心病和肿瘤疾病。美国从20世纪70年代起就开始从万寿菊中提取叶黄素，最早是加在鸡饲料里，可以提高鸡蛋的营养价值。叶黄素还可以应用在化妆品、饲料、医药、水产品等行业中。国际市场上，1克叶黄素的价格能与1克黄金相媲美。

万寿菊的经济价值高，还表现在它是提取纯天然黄色素的理想原料，这种天然黄色素是纯绿色产品，经过特殊工艺精制而成后，不含任何有害物质，是工业生产中最理想的色素。由它提炼而成的黄色着色剂，可广泛用于饮料、冷饮、糕点及油脂食品等的着色。目前，万寿菊还被广泛用于香水中。

另外，民间也常用万寿菊花朵煎汤药用，有祛风降火、化痰止咳的作用。

万寿菊喜温暖湿润和阳光充足的环境。在非洲，由于万寿菊散发出来的特殊气味，常见人们用它来驱赶成群的苍蝇。它也被种在西红柿、马铃薯和玫瑰之间，以防长成的花果成了小线虫的大餐。可见，万寿菊是一种有效的杀虫剂。它还被制成油膏，用来杀死伤口中具破坏力的蛆。它的根和种子都有催泻的作用。

欧洲锦葵

Malvasylvestris

[别名] 钱葵、棋盘花等

[拉丁名] Malvasylvestris

[科属] 锦葵科锦葵属

[习性] 多年生宿根草本植物，六月至十月开花

[原产地] 欧洲、亚洲、美洲等地

欧洲锦葵即我们通常所说的欧锦葵，是一种有着紫红色花冠的植物。早在古希腊、古罗马时期，人们就以它充作日常蔬菜和药用植物，其名“Malva”即源自希腊文“柔软”的意思。西方人相信，饮用蓝色的欧锦葵茶既有益于泌尿器官，也具有恢复疲劳的功效。如果用它的提取物充当药物，外敷则能减轻蜂叮、烫伤等造成的疼痛。

欧洲锦葵的得名与其特征、产地有关。锦，指此类花朵外形优美，蓝紫色的花瓣上有深色的花纹；葵，是形声字，《尔雅·释诂》中解释：“葵，揆也。”“揆”的本义指测量、估量方位。意思是这种植物有估量方向的本领，为了不使太阳直射其根，植物葵的叶子会始终随着太阳转，从而盖住自己的根部。

《本草纲目》："葵叶倾日，不使照其根，乃智以揆之也。"

欧洲锦葵的主要价值在于园艺观赏，但由于该花植株较大，且开花不一致，株形不一致，不适宜用作花坛造景，因此多用于花境造景，种植在庭院边角等地，供观赏。

除观赏作用外，欧洲锦葵的茎、叶、花都有药用价值，是一味很好的清热解毒药。尤其是用欧洲锦葵的花泡茶喝，它的香气和口味都较清淡，有镇静、促消化、调理肠胃、利尿、舒缓便秘的功效。特别有助伤风、感冒的康复，所以又别称"舒胸的花"。而且喝这道茶还有很大的一个乐趣，就是观察茶汤色泽的变化：由刚泡好时透明的蓝色，到艳丽的紫色，再转成淡淡的棕色。如果在喝茶的过程中，再加入几滴柠檬汁，茶汤又会变成梦幻般的粉红色。简直让饮茶的过程成了一种视觉的享受。欧洲锦葵的叶子还能调味菜肴，或制作成口感滑嫩的沙拉。

欧洲锦葵的果实具有落花生般的味道，所以它在西方又有"妖精的起司""起司之床"等别称。因此它的花语之一是"风味"。

古罗马人深信它的保健功效，诗人哈瑞斯认为多吃有助于发达智能，《博物志》作者老普林尼也爱食用蓝锦葵，并宣称吃了将远离所有的病灾。此外，欧洲乡间庆祝五朔节（春季祝祷丰收的活动）时，民众常在门前撒锦葵的花朵，或用它来编结花环。

欧洲报春

Primula acaulis hybrid

[别名] 西洋报春、德国报春、西洋樱草等

[拉丁名] Primula acaulis hybrid

[科属] 报春花科报春花属

[习性] 多年生草本植物，二月至五月开花

[原产地] 欧洲

早春二月，田野路边、园林花坛，花色丰富、花瓣华丽的欧洲报春花迎风怒放，给凛冽萧条的冬尾抹上一道美丽的彩虹。这种老家在欧洲的田间野花，是20世纪末由日本引入我国的。因其在百花之中开花最早，花后即迎来百花齐放的春天而得名。因是从海外过来，所以别名又叫西洋报春、德国报春、西洋樱草。

在中国，报春花一名源自其迎春含苞，春首而放。细细小小的花朵纤绵柔弱，虽乏惊世之表，也无撩人之香，却有着不畏严寒、傲霜雪的刚毅品格，它能以纤弱的姿质冲寒而开，向人间传递春天到来的消息，故深得人们的尊敬。

千万别小看了这些不起眼的小花，它们

花期长，花色多而艳丽，宜室内布置色块或作早春的花坛用。而欧洲报春盛开的时候，又恰逢我国的元旦、春节，其叶绿花艳，可作中小型盆栽，放置于茶几、书桌等处，是很好的案头小品，所以它也是国际上十分畅销的冬季盆花。用它布置室内或室外景观，花繁似锦，妖媚动人 。

欧洲报春花还具有一定的药用价值，在西方，人们用报春花的汁液作为药用，可远溯自古罗马时期。《博物志》一书的作者老普林尼便将它视为万能药，通常用于治疗关节炎、风湿、麻痹和痛风等，所以又别名“麻痹草”。近代的草药学更注重它的镇静作用。除了当作药草，它的花与嫩叶可糖渍、拌色拉、制果酱等，或充作烹煮肉类时的填馅，非常可口。另外，报春花还能泡茶喝，把干燥的花瓣放入杯内，冲上沸水，这道呈淡金色的花草茶，缭绕着一股清

雅芬芳的香气，有舒缓神经、减轻神经性头痛等功效。

在欧洲，报春花相传是萌生自圣彼得掉落钥匙的地点，因此俗称为“圣彼得的钥匙”，而其下垂的花朵看起来也确实像一串串钥匙。至于它的学名“Primula”，则含有早花的意思。花色艳丽的欧洲报春花，因为具有挥发性芳香油成分，所以花开时节还蕴含一股独特的清新香气。

相传，欧洲报春花是希腊神话中水泽女神的化身。有个无法言语的水泽女神爱上了英俊的青年，但是青年的身边始终围绕着一群爱慕者。无法说话的水泽女神无法表达爱意，只能悲伤地在远处看着他离去。日复一日，水泽女神的生命渐渐消逝，虽然失去生命，但她的爱却继续深情地守候着这个青年。于是，在她死去的地方，长出了一朵朵可爱的报春花。所以，欧洲报春花的花语是：除你之外别无他爱。

欧洲绣球

Viburnum opulus L.

[别名] 欧洲琼花
[拉丁名] Viburnum opulus L.
[科属] 忍冬科荚蒾属
[习性] 落叶（或半常绿）灌木，四月中旬至五月上旬开花
[原产地] 欧洲、北非及亚洲北部

欧洲绣球的花和果都有观赏价值，即使到了秋季无花无果时，它的叶色也很美丽，故西人喜欢把它植于庭园作为观赏。绣球花初开时花色带着绿色，后逐渐转为白色，而且散发着淡淡的清香。因该花的形态像中国古代用彩绸扎成的球状物，又和我们中国的绣球花很相似，故名欧洲绣球。台湾地区的著名作家席绢，在其《罂粟的情人》中曾提到："随手攀折下矮木丛上的一朵紫白球花，俗名叫绣球花，日本人称为紫阳花或是什么的，形如中国古代的绣球，四五月是它的花季。"

欧洲绣球引入中国后，因其伞形花序如雪球累累，簇拥在椭圆形的绿叶中，煞是好看，常作为庭院花卉。该花最宜孤植于草坪及空旷地，在园林中适合植于疏林树下、路边径

旁、建筑物入口处，或丛植几株于草坪一角，都很美观。小型庭院中，也有人常常把它对植于门旁或院角，形成对称的美。或孤植一株于墙垣、窗前，也极富情趣。

其实，欧洲绣球和我们中国绣球还有着亲缘关系。作为中国绣球原产地之一的国家，我们古人曾给此花起了不少好听的名字，如琼花、聚八仙等。古诗云："故人西辞黄鹤楼，烟花三月下扬州。"扬州除了以"烟花三月"而令人神驰，还以风流隋炀帝看琼花的故事而著称。为何称琼花？相传昔日有仙人，取白玉一块，种在地下，须臾之间长成一树，开花与琼瑶相似，又因种玉而成，故名"琼花"。实际上，琼花之名本是泛指开着美丽花朵的花卉。现存可靠记录

中有关琼花最早的文字，有王禹偁写于宋至道二年（996年）的《琼花》，推算下来，“琼花”存在的时间前后共约三个世纪。

至于叫“聚八仙”，是因琼花灭绝后，有“道士金丙瑞以聚八仙补植故地”，“凡元人称琼花者，皆八仙也”。聚八仙也是从该植物的形状来定的。其花由八朵五瓣大花围成一周，环绕着中间那颗白色的珍珠似的小花（尚未开放的两性小花），远远望去，似八位仙人围着圆桌，品茗聚谈。这种独特的花型，是植物中稀有的，故而世人格外喜爱它，并美其名曰“聚八仙”。

欧洲绣球除了观赏价值外，也有一定的药用功能，它有抗疟、消热的功能。但该植物全株均有毒性，误食茎叶会造成疝痛、腹痛、腹泻、呕吐、呼吸急迫、便血等现象。

三色堇

Viola tricolor L.

◇◇◇◇◇◇◇◇◇◇◇◇◇◇◇◇◇◇◇◇

[别名] 蝴蝶花、鬼脸花、猫儿脸等

[拉丁名] Viola tricolor L.

[科属] 堇菜科堇菜属

[习性] 一年或二年生草本植物，花期从四月至七月，然后再从十月开至来年的四月

[原产地] 欧洲

◇◇◇◇◇◇◇◇◇◇◇◇◇◇◇◇◇◇◇◇

在欧洲，三色堇是一种常见的野花，田野、路边、庭院、花坛，到处都可见到它那美丽、有趣的身影。自从作为观赏花卉引入我国后，三色堇受到了我国人民的喜爱，尤其在城市里，三色堇更是布置春季花坛的主要花卉之一。公园、马路、社区，最常见的就是猫儿脸似的三色堇。但是在民间，说起它的学名“三色堇”可能有的人不熟悉，但只要说起蝴蝶花或鬼脸花，那是无人不知无人不晓。

这是一种著名的早春花卉。除一花三色者外，还有纯白、纯黄、纯紫、紫黑等。另外，还有黄紫、白黑相配及紫、红、蓝、黄、白多彩的混合色等。从花形上看，有大花形的、花瓣边缘呈波浪形的，以及重瓣形的。三色堇还有一个独特的地方：它的花瓣不论什么颜色，都带有一

种毛茸茸的质感，仿佛金丝绒般的光泽。因其色彩鲜艳、花形有趣，无论花坛、庭园、盆栽皆适合，所以在全世界十分流行。

三色堇的名称来源和其特征有关。“堇”本指一种根像荠菜而叶形似柳的草，东汉许慎《说文解字》：“堇，堇草也。根如荠，叶如细柳，蒸食之甘。”三色堇和我国原产的“堇”为同属植物，又因通常每花有三种颜色，故名“三色堇”。

因花有三种颜色对称地分布在五个花瓣上，又因整朵花被风吹动时如翻飞的蝴蝶，所以又有蝴蝶花的别名。清陈淏子《花镜》：“蝴蝶花类射干，一名乌霎。叶如蒲而短阔，其花六出，俨若蝶状。”又因花瓣上的图案犹如人们扮的鬼脸，所以又叫鬼脸花。因三色堇构成的图案，形同猫的两耳、两颊和一张嘴，故又名猫儿脸。

三色堇是冬春季节优良的花坛材料，因为适应性强、耐粗放型管理，可以盆栽供人们欣赏。

作为一种著名的早春花卉，三色堇的品种繁多，色彩鲜艳，花期颇长，在欧美国家十分流行。从1629年将野生种引进庭园栽培开始，19世纪开始进行品种改良，如今美国、法国、德国、英国等国在三色堇的培育方面进展很快。不但育有迷你三色堇，而且还培育出了黑色三色堇。人们把它称之为“英国的花姿，美国的花茎，德国的色彩，法国的性状”。

三色堇全草都有药用价值，作为中药，它能清热解毒、散瘀、止咳、利尿。同时，因三色堇花具有芳香味，可提取香精，所以它还拥有一定的工业价值。

矢车菊

Centaurea cyanus L.

[别名] 车轮花、芙蓉菊、蓝芙蓉等

[拉丁名] Centaurea cyanus L.

[科属] 菊科矢车菊属

[习性] 一年生或二年生草本植物，二月至八月花果期

[原产地] 欧洲的东部至南部

在西方人的眼中，矢车菊花朵的蓝色是世界上最尊贵的、不掺一丝杂色的蓝。

矢车菊的故乡在欧洲的东部至南部。花开时节，满山遍野、房前屋后、路边水畔都有它的踪迹。矢车菊本是一种十分普通的野花，以蓝色为主，后来经过人们多年的培育，花变大了，颜色变多了，紫的、蓝的、浅红、白色……宛若一个个娟秀的少女，散发着一阵阵清幽的香气。

当然该花还是以蓝色、紫色最为名贵。如在达利的画里，矢车菊是水晶瓶中那一丛幽幽的蓝；在安徒生的童话里，矢车菊是小人鱼蔚蓝的眼睛："在海的远处，水是那么蓝，像最美丽的矢车菊花瓣……她的眼睛是蔚蓝色的，像最深的湖水。"

矢车菊那优雅、恬淡的身影尤其博得德国人民的喜爱，文学家用诗般的语言赞美它，画家用艳丽的笔墨描绘它，还被尊为国花。德国民间普遍流传着这样一则传说。普鲁士皇帝威廉一世的母亲路易斯王后，在一次内战中被迫离开柏林。逃难途中，车子坏了，她和两个孩子停在路边等待之时，发现路边盛开着蓝色的矢车菊，她就用这种花编成花环，戴在九岁的威廉胸前。后来威廉一世加冕成了德意志皇帝，仍然十分喜爱矢车菊，认为它是吉祥之花。在德意志人的心里，矢车菊是民族的象征，是德意志帝国的王室之花。虽然它外形柔弱，但是却象征着庄严和尊贵，是内心无

比坚强的体现。

矢车菊在明治时代传入日本，后传入中国。如今中国大部分地区的公园花圃普遍栽有矢车菊以供观赏。

为何称“矢车菊”？得名和花的形状有关。矢车菊的花形非常别致，一片片花瓣很像三棱镞（一种青铜做的箭头，上面有三根条状突起）的形状，而花瓣整体组合则像车轮，故名。

因其花瓣组合像车轮，所以有车轮花的别称。因其花朵的形状有点像我们的传统花卉芙蓉，所以又有芙蓉花、蓝芙蓉的别称。

矢车菊有着较高的观赏价值，因其植株挺拔、花梗长，适合作切花，也可作花径材料。而矮型矢车菊植株仅高20厘米，可用于花坛、草地镶边或盆花观赏。另外，它还有药用价值，及养颜、美容的功效。喝矢车菊泡的茶，能帮助消化，舒缓风湿疼痛。矢车菊的提炼物是很温和的天然皮肤清洁剂，也能起滋润肌肤的作用。

水仙花

Narcissus tazetta

[别名] 凌波仙子、金盏银台、天葱、雅蒜等

[拉丁名] Narcissus tazetta

科属] 石蒜科水仙属

[习性] 多年生草本植物，二月至三月开花

[原产地] 北非、中欧和地中海沿岸

水仙是窗台、案几上作清供的佳品。中国古代的花历著录中，因水仙花期在新春期间，且盛开的花朵幽香袭人，故被列为殿岁花，是传统的岁朝清供之一。今天，水仙是我国人民最喜爱的花卉之一，也是世界上有名的冬季室内陈设的花卉之一。

明代李时珍在《本草纲目》中言及水仙的名称来源："此物宜卑湿处不可缺水，故名水仙，金盏银台花之状也。"水仙花形象清丽、飘逸出尘，出淤泥而不染，又多水养，故中国古代的诗人骚客非常喜欢这种置于盆中、添些清水就能萌芽、吐翠、开花的美丽植物，赐予"凌波仙子"的雅号。水仙中空的花茎于叶根间抽出，茎头的一簇簇花六裂而色白，中有黄色副冠状如浅杯，白冠黄心，相映成趣，故称

“金盏银台”。水仙细长碧绿的叶子似葱，而根又似蒜头，所以又叫“天葱、雅蒜”。

水仙因其清幽脱俗、高傲孤清的形象，在西方深受人们的喜爱。相传它是由希腊神话里的美少年纳西塞斯（Narcissus）变的。纳西塞斯容貌俊美，山林女神厄科（Echo）对他一见钟情，但纳西塞斯对她的痴情不理不睬。受伤的少女决定教训他，但爱神怜惜纳西塞斯，把他化成水仙，盛开在有水的地方，让他永远看着自己的倒影。因为这个神话传说，西方人将自恋称为水仙情结。

深受中国人喜爱的水仙是地中海沿岸多花水仙的一个变种。唐代段成式在《酉阳杂俎》中有一段记载：“㮈祇出拂林国，根大如鸡卵，叶产三四尺，似蒜，中心抽条，茎端开花，六出，红白色，花心黄赤，不结籽，冬生夏死。”“㮈祇”与水仙的波斯语“Nargi”相似，而拂林国即东罗马（今意大利）。拂林国自唐贞观十七年（643年）至开元十年（722年），曾五次遣使访问长安，水仙花很有可能就是在那个时期输入我国的。

在中国文化中，水仙花与女子的文思才情相联系。《内观日疏》记载，有位姚姥住在长离街，十一月半，梦见观星坠地，化为一丛水仙，甚是香美，就取来吃了，醒后生下一女。此女长大，贤惠能文，因而取名观星。观星是中国古代的星名，又称女史星，故水仙又有女史花之名。

在我国，水仙还和宗教有关，这与水仙在武当山的引种和传播有关。历史上，湖北、湖南、江苏、浙江、福建、广东、江西等地都分布有水仙，而且多种植于寺庙、道观。现存最早的咏水仙的诗，出自由五代入宋的道士陈抟。至于今天无人不知的“闽南名产”漳州水仙，栽培历史只有一二百年，现在已经后来居上。

欧洲人也非常喜欢种植水仙，尤其是英国人，水仙就是他们的报春花。只要看到水仙那金灿灿的花朵就知道，春天已悄然而至。无论是在家常的庭院，还是在精心设计的公园，乃至于树下水边，人们都可以看到如繁星闪耀的水仙花。每年3月，英国人热衷于结伴前往各地观赏水仙花，比如到格洛斯特郡，在明媚的金色中穿越被誉为“水仙花之路”的利登山谷。

睡 莲

Nymphaea L.

[别名] 子午莲、水浮莲、小莲花等

[拉丁名] Nymphaea L.

[科属] 睡莲科睡莲属

[习性] 多年生水生植物，五月中旬至九月开花

[原产地] 印度、缅甸、泰国、菲律宾等地

千百年来，莲一直是中国人讴歌赞美的对象。它的名称来源与其形态有关。“莲”指该花结的子实一颗连着一颗，故名。《说文解字》：“莲，芙蕖之实也。”称之为“睡莲”，是因其花和叶低浮于水面，犹如睡姿。睡莲的花到了晚上会闭合，早上又重新开放，昼舒夜卷，如同子夜要睡觉一般，故又名子午莲。唐段成式《酉阳杂俎》：“南海有睡莲，夜则花低入水。屯田韦郎中从事南海，亲见。”因睡莲的花朵比中国传统名花荷花的个子小一些，所以又称为小莲花。也因为睡莲的叶子和花都是浮在水面上的，故名水浮莲。

因莲花盛开时洁净、优美，故它在中国园林中运用很早。早在汉代，古代帝王、官宦之家的庭院池塘里，就常种植莲花，用以观赏。

如博陆侯霍光的园中就有五色睡莲池。中国的园林水景中，莲花一直都是重要的花卉。

由于莲花姿态曼妙，文人形容女子的美丽与清纯，多用“出水芙蓉”。古人也常以“并蒂莲”来形容夫妻恩爱。新婚洞房的布置、对联和窗花的图案中，常有“并蒂莲”“鱼戏莲”等元素。就连封建时期人们的审美观也是畸形的：喜欢女人裹小脚，还美其名曰“三寸金莲”。

历朝历代的中国人大都爱莲，他们把莲花视为净友、静客。民间有“采莲女”：“若耶溪边天气秋，采莲女儿溪岸头。笑隔荷花共人语，烟波渺渺荡轻舟。”民间还有《采莲曲》：“荷叶罗裙一色裁，芙蓉向脸两边开。”而读书人则认为莲花性高洁，仰含清露，俯濯素波，是高雅纯洁之花，称为“花君子”，把它比作不染俗尘的高尚君子，“出淤泥而不染”已成为众人推崇洁身自好的座右铭。

睡莲是作为观赏花卉引入我国的。在西方的花语里，睡莲有洁净、纯真、妖艳的含义。相传它是山林沼泽中的女神。睡莲的植物学名Nymphaea，源于拉丁语Nymph，意为居住在水乡泽国的仙女，即“水中的女神”。

莲花是常见的用来作为宗教和哲学象征

的植物。印度佛教艺术中常以莲花为重要装饰纹样，其核心是圣洁，可以说“莲”就是“佛”的象征。《大正藏经》说莲花有四德，一香、二净、三柔软、四可爱。当我们走进佛教的寺庙，便可到处见到莲花的影子。大雄宝殿中的佛祖释迦牟尼，端坐在莲花宝座上；称为“西方三圣”之首的阿弥陀佛和大慈大悲观世音菩萨，也都是坐在莲花座上。其他菩萨，有的手执莲花，有的脚踏莲花，有的则向人间抛撒莲花……各种佛经中，更是把佛国称为“莲界”，把寺庙称为“莲舍”，把袈裟称为“莲服”，把和尚行法手印称作“莲花合掌”。莲花成为佛教圣花不仅由于其美丽可爱，更由于其出污泥而不染的特殊品格与佛家生于世间又出世离欲的精神相通。

印度泰姬陵白色大理石建筑上的石刻莲花

古埃及人十分喜爱睡莲，因为它生长在大地之母尼罗河上，孕育着生命力。埃及人笃信人死后会复活，睡莲的花暮合晨开，正可象征死而复生。所以它不仅成为葬礼上的供花与陪葬物，也盛栽于神殿庭院中。

睡莲根能吸收水中的有毒物质，还能过滤水中的微生物，是难得的水体净化植物。16世纪，意大利人把睡莲作为水景主题材料。

素馨花

Jasminum grandiflorum L.

素馨原名耶悉茗，系音译词。这种枝条柔弱纤细、花朵芬芳美丽的素色小花，常用作观赏花。相传该花是汉朝陆贾从西域带入中土的。南越王赵佗本是北方人，因思念故乡，便把此花带去广州。所以在汉初南越国时代，河南庄头等地就开始种植素馨花和茉莉花了。宋代的高似孙在《纬略》中写道："耶悉名花是西国花。色雪白，胡人携之交广之间，家家爱其香气，皆种植之。"自素馨引入我国后，南方的粤、闽、滇一带气候炎热，一直是历史上最主要的栽培地区。

暑热难捱的夏秋季节，正是素馨花怒放的时候。素馨花色白如冰雪，馥郁如麝脐，往往给人一种寒凉的幻觉。再加上其外形柔弱，更显其婀娜多姿。《武林旧事》记载：南宋淳熙年

[别名] 素英、耶悉茗、大花茉莉等

[拉丁名] Jasminum grandiflorum L.

[科属] 木犀科素馨属

[习性] 攀援灌木，二月至六月开花

[原产地] 越南、缅甸、斯里兰卡和印度等地

间，孝宗皇帝常去宫中复古、选德等殿纳凉，这些地方摆满茉莉、素馨等盆花，“鼓以风轮，清芬满殿”。

当然，如此千花香气氤氲在旧时只属皇家，非民间敢想。但如今白素馨的清香温婉、黄素馨的优美文雅也着实深受平民百姓的喜爱。

泰戈尔在《第一次手捧素馨花》里赞美道：“我依旧记得，第一次我的手里捧着一束素馨花，她们是白色的，是那种纯洁无瑕的白色……”

至于素馨花名称的由来，主要和其特征有关，因该花色白素淡，芬芳馨香，故名。素馨花还有素英、大花茉莉等别称，也都是和花的形状有关。因花形素朴异常，故名素英。因花朵芬芳馥郁，长得又和茉莉相似，故名大花茉莉。

另外，关于素馨花的由来，还有一段美丽的故事。相传五代时广州海珠区庄头村有个叫素馨的种花姑娘，长得非常漂亮，她从小偏爱耶悉茗，种了很多，还用绿丝线把花串成串，戴在颈上。当时正值南汉皇帝登基，广招天下美女，素馨姑娘被选入宫中，深得皇帝喜爱。皇帝为投素馨所好，下令皇家花园都种上耶悉茗，宫女也都要佩戴此花。每天早上宫女们起

床梳洗的时候，花飘落水，积满了下游的湖泊，这便是广州最早的流花湖。

后来素馨在宫中老死，皇帝很怀念她，在埋葬她的花园中种满了耶悉茗花。南汉王朝结束后，庄头村的村民们将素馨的尸骨迎回来埋葬，三天之后，人们惊奇地发现素馨的坟头长满了一簇簇洁白的耶悉茗，为了纪念素馨姑娘，人们将耶悉茗改名为素馨花。清代有诗云："三十三村人不少，相逢多半是花农。"因此，庄头又有"花田"的美称，当时的庄头村人"一生衣食素馨花"。

在斯里兰卡、印度、巴基斯坦等国，每当素馨盛开时，通体洁白的花朵密密麻麻缀满枝头，且散发着清淡的香气，令人神清气爽，精力充沛。所以当地的人们非常喜爱那令人愉快、花香馥郁的素馨花，尤其是巴基斯坦的人民，还把素馨花作为他们的国花。素馨花在巴基斯坦随处可见，不仅长在田野郊外，还开在每个家庭的庭园里。巴基斯坦人把素馨花融入了他们的日常生活中。

除了作为观赏花卉外，素馨还可入药，它有舒肝解郁、行气止痛的功效。在民间，人们还喜用素馨花泡茶饮，用以解乏。

昙 花

Epiphyllum oxypetalum (DC.) Haw.

[别名] 月下美人、昙华等

[拉丁名] Epiphyllum oxypetalum (DC.) Haw.

[科属] 仙人掌科昙花属

[习性] 多年生灌木状无叶肉质性植物，夏季至秋季开花

[原产地] 墨西哥、危地马拉、洪都拉斯、尼加拉瓜、苏里南和哥斯达黎加等地

昙花通常在夏秋季夜深人静的时候开花，花朵渐渐展开后，一到两个小时后又慢慢地枯萎了。整个过程仅四个小时左右，要想看它开花，就要守候好几个小时。昙花是非常珍贵的花卉，它那清芬美丽的花儿给宁静的夜晚增添异彩。所以在西方，它的花语是：刹那间的美丽，一瞬间的永恒。

在中国，昙花的花朵异常美丽，又常在夜晚开放，故享有“月下美人”的称誉。因花朵展开后，过一两个小时又慢慢地枯萎，又有“昙花一现”之说。那么为何叫“昙花”呢？“昙”是个会意字，指密布的云气。东汉许慎《说文解字》：“昙，云布也。从日、云。”以云卷云舒、瞬间万变喻花开时间短，故称昙花。

花儿一般都是开在白天，为何昙花开在

深夜呢？这奇异的开花特性要从它的原产地的气候与地理特点谈起。昙花生长在墨西哥至巴西的热带沙漠中。那里的气候又干又热，但到晚上就凉快多了。所以晚上开花，可以避开强烈的阳光曝晒；缩短开花时间，又可以大大减少水分的损失，有利于植物的生存。使它生命得到延续。于是天长日久，昙花在夜间短时间开花的特性就逐渐形成，代代相传至今了。

虽然昙花开花时间不长，但这些美丽的花朵却可以食用。如果将凋谢的花朵采下来，洗净晒干后放在肉汤里煲一下，便可成为甜美、黏滑的佳蔬。除了食用外，昙花还能药用。它的花、嫩茎都可入药。嫩茎全年可采，花则在花季夜间采集。嫩茎多用鲜品，花则干品鲜品均可，有软便去毒、清热疗喘的功效。

相传，昙花原是一位花神，她每天都开花，四季都灿烂。她爱上了每天给她浇水除草的年轻人。后来此事给玉帝得知，玉帝大发雷霆，决定拆散他们。玉帝将花神抓了起来，把她贬为每年只能开一瞬间的昙花，不让她再和情郎相见，还把那年轻人送去灵鹫山出家，赐名韦陀，让他忘记前尘，忘记花神。

后来，韦陀果真忘了花神，他一心向佛，渐有所成。可花神却怎么也忘不了那个曾悉心照顾她的小伙子。她知道每年暮春时分，韦陀总要下山来为佛祖采集朝露煎茶。所以昙花就选择在那个时候开放。她把集聚了整整一年的精气绽放在那一瞬间。她希望韦陀能回头看她一眼，能记起她。可是千百年过去了，韦陀始终没有记起她。昙花一现，只为韦陀。所以昙花又名韦陀花。

昙花虽然花开时间甚短，但它能够释放出负离子，让室内的空气清新怡人，且花开时美丽高贵，清香四溢，是不可多得的美丽有益的花卉。

唐菖蒲

Gladiolus gandavensis

[别名] 剑兰、十样锦、十三太保等

[拉丁名] Gladiolus gandavensis

[科属] 鸢尾科唐菖蒲属

[习性] 多年生草本植物，一般夏季开花

[原产地] 非洲南部

唐菖蒲原是生活于水塘田埂边的一种草本植物，说起它的老家，是在遥远的非洲南部，当然，南欧、西亚等地中海地区亦有分布。17世纪初，一些非常喜欢养花的贵族太太，被唐菖蒲艳丽雍容的花朵吸引，于是把野生的唐菖蒲带回家栽培。1807年英国传教士威廉·赫伯特在庭园内用11种野生唐菖蒲进行杂交，培育出3个花色漂亮的新品种。嗣后，该花逐步传播到欧美各国。如今唐菖蒲已成为常见的园艺品种，素有“百花王国”之称的荷兰把唐菖蒲推向市场，使之成为世界四大切花之一。

唐菖蒲于20世纪初作为观赏花卉传入中国，后迅速被驯化，并且广为栽培。它的得名与其特征有关。“唐菖蒲”本是日本人对这种花的称呼。“唐”指中国，而“菖蒲”原是中国

传统文化中可防疫驱邪的灵草。菖蒲的"菖"有昌盛、繁茂义，而"蒲"则指这种植物喜生长在水边。《本草纲目》："菖蒲乃蒲类之昌盛者，故曰'菖蒲'。"因唐菖蒲的叶子长得和中国的菖蒲草很相似，故名。不过，唐菖蒲并非中国原有，而是此花传入日本时，日本人误以为此花原产中国，却不知它其实来自西洋。

唐菖蒲又名剑兰，名字的由来，是因为其叶片形状与剑相似，而且该花的拉丁语"Gladiolus gandavensis"中的"Gladiolus"一词正是拉丁语中剑的意思。因其花色缤纷多彩，花质又如绫绸，所以又有"十样锦"的美名。唐菖蒲繁花满枝，有的一枝上可超过十三朵，民间戏称十三太保（唐朝末年的节度使李克用的十三个儿子，因皆被封为太保而得名）。

唐菖蒲引入中国后，受到百姓普遍的欢迎。因其花形和叶形独特，极具观赏价值，在插花艺术中，无论直插、斜插、长插、短插，都会表现出不凡的风韵，从而把插花的意境由自然美升华到艺术美。故有些专家称赞它是插花领域里的“万能泰斗”，尤其在民间的插花场合中常能见到它的踪影。唐菖蒲茎粗壮直立，叶硬质剑形，花茎高出叶上，由下往上排列着数朵花。花色富于变化，丰富多彩。无论红白紫黄，不同颜色的唐菖蒲能表现出不同的风姿：红色雍容华贵，白色晶莹剔透，紫色烂漫妩媚，黄色高洁优雅，杂色犹如彩蝶翩翩……所以该花也深受百姓的喜爱。

除了观赏价值外，唐菖蒲还具有药用价值。它能解毒散瘀，消肿止痛，还可用于跌打损伤，咽喉肿痛，外用可治腮腺炎、疮毒、淋巴结炎。

由于唐菖蒲具有迷人的魅力，许多西方人视之为欢乐、喜庆、和睦的象征，每逢婚礼、宴会或名人互访所献的礼花都少不了它。尤其是美国的许多家庭每天都会用新鲜的唐菖蒲来作插花。1984年美国总统里根在结束对中国的访问，举行答谢宴会时，美方特地空运了1000多枝鲜艳的唐菖蒲到北京，借以增进宴会的热烈气氛。

午时花

Portulaca grandiflora

[别名] 太阳花、半枝莲、草杜鹃等

[拉丁名] Portulaca grandiflora

[科属] 梧桐科午时花属

[习性] 一年生草本植物，六月至七月开花

[原产地] 印度，马来西亚一带

广东人有句俗话曰："午（五）时花，六时变"，因"午"与"五"同音，喻该花五点开花，六点就萎缩了，意指某人善变或事物的变幻莫测。

这是一种生于田野山坡、路旁沟边的野花。虽然花朵不大，但因盛开时花团锦簇灿烂一片，又易养，故深受东南亚一带老百姓的喜爱。午时花大约在17世纪末到18世纪初引入我国。花有黄、红、白、粉红等多种颜色，花形虽有点迷你，但色彩艳丽，带有金属光泽，非常娇媚，还带有微微的香气，是一种很好的铺地草花，也是挂盆养花的理想品种。

午时花的名称来源和其特性有关，该花一般从日出开到午后谢，每到中午，则开得更加旺盛，因此叫它"午时花"。

因午时花喜欢温暖、干燥和阳光充足的环境，见阳光花开，早、晚、阴天闭合，故又有“太阳花”的别称。

午时花开时，人们远远望去，花的形状有些像莲花，所以园艺家们又送了个“半枝莲”的名字给它。又因其花和叶都很美丽，而且开得又繁茂，如同杜鹃般热闹，故又称“草杜鹃”。

午时花的生命力很顽强，又特别好养，即使把它拔出来扔在地上，没几天，它的根又会扎进土里，重新茁壮生长。在北京等地，这花又有个“死不了”的称呼。

午时花能在一天内完成从含苞待放到盛开至凋谢的全过程，其生命之短暂令人唏嘘。所喜其花朵繁多，虽然只有几小时的灿烂，但每天都有新的花朵登场斗艳，颇为热闹。更令人惊喜的是，在同一植株上，居然能长出不同颜色的花朵——红、黄、橙、白，其善变的个性可见一斑。午时花是一年生的植物，生命延续的奥秘在于每朵枯萎的花里面。等花开过一星期左右，轻轻地捏去干枯的残花，无数黑色的针头般大小的种子就藏在被残花盖住的小小的“盒子”里面。如果小心地把这些种子采

集、保存起来，第二年就可以继续种植了。

因为午时花易种易活，且开花的时候如锦似绣，尽情地享受太阳给予的温暖，所以是夏季花坛很好的装饰花。人们还常用盆栽的方式来美化居室、阳台、窗台，为居室增添无限情趣，也可成片植于庭院、路边和花境中，让大地呈现热烈的气氛。另外，午时花还具有药用价值，它有清热解毒、活血祛瘀等功能，全草可治感冒、烧伤、烫伤等。

勿忘我

Myosotis sylvatica

[别名] 星辰花、勿忘草等

[拉丁名] Myosotis sylvatica

[科属] 紫草科勿忘草属

[习性] 一二年生草本植物，三月至十一月开花

[原产地] 亚欧大陆温带

原产亚欧大陆的“勿忘我”花，得名源自德语Vergissmeinnicht，意为不要忘记我。相传德国有一位骑士同恋人在多瑙河畔散步，看见河畔绽放着许多蓝色小花。骑士探身摘花想送给恋人，不料失足跌入水中。骑士只说了一句“别忘记我！”把那朵蓝色的花扔向恋人，自己却被急流卷走了。此后，骑士的恋人便日夜将蓝色小花佩戴在发际，以示对爱人的思念与忠贞。而那种蓝色小花，也因此被称作“勿忘我”。

勿忘我花的花型小巧秀丽，蓝色花朵的中央有一圈黄色心蕊，色彩搭配和谐醒目很讨人喜欢。

因该花具有滋阴补肾、养颜美容、补血养血的功效，并能促进机体新陈代谢，延缓细胞衰老，提高免疫能力，人们常用它来泡茶喝，

将勿忘我花与绿茶或菊花置于杯内，以热开水冲泡，约等3分钟，让勿忘我花入味后，再加入适量蜂蜜即可。

在德国、意大利各地，有许多散文、诗词和小说作家用勿忘我花来描述相思与痴情。人们认为只要将“勿忘我”带在身上，恋人就会将自己铭记于心、永志不忘。连它的花语都是“不要忘记我”“真实的爱”“真爱”。德国还有一首著名的民歌《我怎能离开你》，就是赞美勿忘我花的：

“蓝色的小花，名叫勿忘我，佩戴在心头，见花如见人。”美国的阿拉斯加州还把勿忘我定为州花。

随着东西文化的不断交融，小巧秀丽、惹人喜爱、能表达深切情意的勿忘我越来越受到我国人民，尤其是青年男女的青睐。

中国被称作“勿忘我”的植物，其实与欧洲的不同，正式的名字是“深波叶补血草”。中国的花店里，都将这种植物称作“勿忘我”，虽然它也很雅致美丽，但和紫草科勿忘草属的“勿忘我”差异很大。

仙客来

Cyclamen persicum Mill.

[别名] 兔耳花、兔子花、一品冠、篝火花等

[拉丁名] Cyclamen persicum Mill.

[科属] 紫金牛科仙客来属

[习性] 多年生草本植物，十月至翌年四月开花

[原产地] 地中海沿岸的希腊、突尼斯一带

仙客来为世界著名花卉，原产地在地中海沿岸的希腊、突尼斯一带。此花花色艳丽，花形独特。花苞不卷不变，宛如腼腆害羞的少女；等开放时，反卷的花冠，似醉蝶翩翩起舞，又像兔子的耳朵，一个个竖着耳朵伸着脖子，很像神话“嫦娥奔月”中的月宫玉兔。因此，仙客来又叫兔耳花。

在中国，洋红、粉红或大红色的仙客来很受欢迎，人们还把它称作一品冠、篝火花。这是因其花朵单生于花茎顶部，远远望去像一团篝火，又像一顶戴在头上的帽子，而大红颜色又红得很正，犹如我们的“中国红”，故有一品冠、篝火花的美称。

自从20世纪二三十年代作为观赏花卉引入我国后，仙客来因其花形美丽、色彩鲜艳而

广受人们的喜爱。而且仙客来小雪见蕾、冬至见花、大寒怒放，正碰上岁尾年初，每朵花又能开上个十天半月，故逢年过节，人们都会买上几盆，给窗台、案头增添一丝欢快的气息。据说它的中文名字“仙客来”一词还是著名画家张大千先生给起的。“仙客来”一词来自学名Cyclamen的音译，本义为圈、冠等。这种来自西方的花，色彩鲜艳，花形活像兔子的耳朵，于是大千先生给它起了个仙客来的名字，

一则和它的学名译音相近，二则它的花形像兔子，而我国神话有月宫仙兔之说，故尊为"仙客"。花名译得好，符合音韵，含义又佳。

深受人们喜爱的仙客来，因其株型美观、别致，花盛色艳，有的品种还带有香味，故深受人们青睐。作为观赏植物，仙客来有着较高的经济价值。它的花期可长达5个月，且花期适逢圣诞节、元旦、春节等传统节日，是冬季馈赠亲友的时尚花卉。故市场需求量巨大，经济效益显著。

仙客来适宜盆栽，可置于室内布置，尤其适合放在有阳光的几架、书桌上，同时也适合做家庭装饰。它是冬春季节名贵盆花，也是世界花卉市场上最重要的盆栽花卉之一。除了观赏价值外，仙客来对空气中的有毒气体二氧化硫有较强的抵抗能力。它的叶片能吸收二氧化硫，并经过氧化作用将其转化为无毒或低毒的硫酸盐等物质。

仙客来现已在世界各地广为栽培，由于园艺学家不断进行品种改良，终于把栽培中心从欧洲移转到了美国，并逐渐成为世界性的观赏花卉。仙客来很受爱花者的推崇，被推举为盆花女王。

向日葵

Helianthus annuus

[别名] 朝阳花、转日莲、太阳花等

[拉丁名] Helianthus annuus

[科属] 菊科向日葵属

[习性] 一年生草本植物，夏季开花

[原产地] 北美洲

活跃于夏日阳光下，绽放着金黄色花穗的向日葵曾有着许多传说。在希腊神话中，相传海神之女克莱蒂非常爱慕英俊的太阳神阿波罗，可是阿波罗却不专情于她。伤心的克莱蒂为博取阿波罗的爱，从此不休不眠地仰望着他。经过九天九夜，克莱蒂枯瘦的身体全化成枝叶，憔悴的脸则变成了向日葵花，但她还是依然仰望着太阳。向日葵的花语“爱慕”也是来自这一神话。

向日葵外形酷似太阳，花朵明亮大方，深受人们喜爱。荷兰著名画家文森特·梵高一生大约画了十多幅《向日葵》，堪称其化身的《向日葵》（见右图）仅由绚烂的黄色色系组合。梵高认为黄色代表太阳的颜色，阳光又象征爱情，因此具有特殊意义。

向日葵的名称来源于其盛开的花朵朝着太阳而得名。而在英语中，“向日葵”被称之为“sunflower”却不是因为它的这一特性，而是因为它开的黄花像太阳的缘故。

基于“向日”这一特性，向日葵又名朝阳花、转日莲等。该花约在明朝时引入中国，明代王象晋《群芳谱》中有记载，但无“向日葵”一名。清代《广群芳谱》中也无“向日葵”一名，但有“丈菊”：“丈菊，一名西番菊，一名迎阳花。茎长丈余，干坚粗如竹，叶类麻，多直生，虽有傍枝，只生一花，大如盘盂，单瓣，色黄，心皆作窠，如蜂房状，至秋渐紫黑而坚。”文震亨《长物志》：“葵花种类莫定。……一曰‘向日’，别名西番葵，最恶。”看来，向日葵不怎么符合中国古代文人的审美。但因其向着太阳迎风摇曳的花姿和艳丽的色彩，该花深受老百姓的喜爱。明末清初的学者在记载向日葵时，也都特别提及其向日性，清初的《秘传花镜》说得更详细：“向日葵，一名西番葵。高一二丈，叶大于蜀葵，尖狭多刻缺。……黄瓣大心，其形如盘。随太阳回转，如日东升则花朝东，日中则花直朝上，日西沉则花朝西。”

中国原来的葵指的是葵菜，也有向日性，

唐宋诗人曾反复吟咏，如刘克庄诗《葵》："可曾沾雨露，不改向阳心。"可见自古以来"葵"就与"向阳"紧密联系在一起。清代《花木小志》中言向日葵处处有之，既可观赏，又可食用，说明当时向日葵在中国广为种植。

向日葵也深受美国人民的喜爱。在美洲宽广的原野上，野生的向日葵形象和美国的早期历史互相交织在一起。金黄色的花盘与翠绿色的花茎相衬，再配上美国蓝如绸缎的天空，给人一种美的享受。美洲的印第安人把向日葵磨成粉作为一种食物。而相传古印加帝国的人民视向日葵为太阳神的象征，所以在其遗留下来的神殿古迹中，可看到许多栩栩如生的向日葵雕刻图像。

在亚洲，也有许多国家喜爱向日葵这种植物。如泰国，每年就会种植大量的向日葵，每当向日葵花盛开时，在当地都会举行“葵花节”。人们认为，向日葵代表“崇拜”和“敬慕”。其中，向日葵的黄色代表着怀念、怜爱等意，橙色则代表着喜悦、友谊与和睦，通常在花束中作为主花而备受瞩目，从不会作为配花出现。

蟹爪兰

Zygocactus truncatus L.

[别名] 圣诞仙人掌、蟹爪莲、仙人指等

[拉丁名] Zygocactus truncatus L.

[科属] 仙人掌科蟹爪兰属

[习性] 附生性小灌木，十月至十二月开花

[原产地] 巴西热带雨林

20世纪80年代初蟹爪兰刚刚引进中国，因其花开时一片红灿灿的非常富丽堂皇而深受民众的喜爱。当时，上海、天津、广州等大城市里，每家每户都时兴种这种花，窗台上、花棚下、大门边到处挂着、摆着红艳艳的蟹爪兰。一些退休老伯还常会把自家开的蟹爪兰搁在门口扎眼的地方，大有显摆的意思。大妈们则喜欢把自己种的蟹爪兰拿出来相互之间作番比较，看谁家的花朵开得多、开得艳。

蟹爪兰的名称来源和其形状有关，因节茎连接的形状如螃蟹的足，故名。

蟹爪兰还有不少别称：因其开花时节适逢西方国家的圣诞节，故称“圣诞仙人掌”。因其开花时花瓣向后翻折过去，像人手的兰花指，又名仙人指。

这种原产于巴西热带雨林中、喜欢附生在大树干或阴暗湿润的石缝里的植物，在生长发育的过程中需要荫蔽、潮湿的环境，只有在短日照条件下才能孕蕾开花。蟹爪兰的花形很特别，嫩绿色的新出茎节带红色，主茎圆，易木质化，分枝多，呈节状，花着生于茎节的顶部。常见栽培品种有大红、粉红、杏梅黄和纯白等颜色。蟹爪兰的茎节常因过长，而呈悬垂状，所以该花常被有意制作成吊兰状做装饰。

蟹爪兰的株型呈垂挂状，花色又鲜艳可爱，适合于窗台、门庭入口处和展览大厅的装饰，热闹非凡的花朵能让满堂生辉，花朵娇柔婀娜，明丽动人。全世界许多国家的节日都在冬天，而蟹爪兰一般又在冬天开柔弱而又华丽的花，能为节日增添喜庆的气氛，所以受到人们的广泛喜爱。

蟹爪兰的全株都有药用功效：能解毒消肿，可用于外科疮疔疖肿等热毒症。

雁来红

Amaranthus tricolor L.

[别名] 叶鸡冠、长春花、向阳红、老来娇、老少年等
[拉丁名] Amaranthus tricolor L.
[科属] 苋科苋属
[习性] 一年生草本植物，六月至十月为观赏期
[原产地] 印度

在中国传统文化中，红色有寓意光明、驱逐邪恶的功能，古代许多宫殿和庙宇的墙壁都是红色的。由于红色容易引起人们的注意，因此许多警告标记都用红色的文字或图像来表示。例如在红绿灯中红色表示停止。红色在传统中有表示喜庆的作用，所以婚礼、节庆等都喜欢用红色来装饰。

雁来红，因其鲜艳如火的红色，在中国的花卉植物中，是非常受欢迎的一种花卉。宋代以前雁来红就作为观赏及药材引入中国，其得名与季节有关。该花可供观赏的部分其实是它的叶子，而非花。每年一到深秋，雁来红绿色的顶叶就会变得猩红如染，鲜艳异常。由于叶片变色时正值大雁南飞，人们便给它取了个美丽的名字——雁来红。宋朝诗人方岳曾在《雁

来红》一诗中赞美它："是叶青青花片红，剪裁无巧似春风。谁将叶作花颜色，更与春风迥不同。"

雁来红还有不少别称。因该植物叶红如公鸡的冠子，植株形态也颇似鸡冠，所以别称叶鸡冠。《本草纲目》："茎叶穗子并与鸡冠同，其叶九月鲜红，望之如花，故名。"

因其一年中有半年顶叶鲜红如火，观赏期长，故又叫长春花。

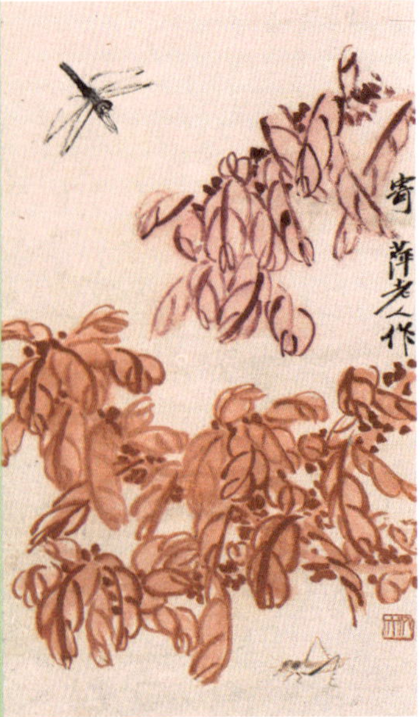

该花喜湿润向阳及通风良好的环境，花开时又是红艳艳一片，又称向阳红。

雁来红碧绿的叶子到了观赏期，顶叶逐渐变成鲜红色，犹如老者白发生黑发重焕青春，故又称老来娇、老少年。至于它的学名“Amaranthus tricolor”，在希腊语中也有“永不凋谢”的意思。

雁来红是优良的观叶植物，可作花艺材料，也可作盆栽、花坛背景、篱垣或在路边丛植等，因其叶片鲜艳异常，观赏价值高，还可以大片种植于草坪之中，与各色花草组成绚丽的图案，当然也能作切花用。

雁来红除了应用于园林外，还是一味很好的草药，能治痢疾、吐血、血崩、目翳等。

洋桔梗

Eustoma grandiflorum

[别名] 草原龙胆、土耳其桔梗、德州蓝铃等

[拉丁名] Eustoma grandiflorum

[科属] 龙胆科洋桔梗属

[习性] 多年生草本植物，四月至十二月开花

[原产地] 美国德克萨斯州

去花市买花，在一个布置得极有特色的花店里，看到占了小店三分之一面积的长条桌上，摆满了清一色的蓝紫色鲜花，阳光透过天窗的玻璃投下斑驳的光影，让水瓶里蓝莹莹的花朵显得圣洁又迷人。咦，这不是美丽的钟形花桔梗吗？对呀！店主自豪地强调："这是'洋桔梗'，现在非常流行的一种切花。"

听到"桔梗"这个名字，令人想起了那首欢快流畅的朝鲜族民歌《桔梗谣》："桔梗哟，桔梗哟，桔梗哟桔梗，白白的桔梗哟长满山野。只要采上一两棵哟，就可以装满一大箩哟，哎咳哎哟……"

桔梗花生长在中国、日本、朝鲜半岛和西伯利亚东部。这是朝鲜人民非常喜食的一种野菜，也是他们用来制作泡菜的一味食材。得名

与其根、茎的形状有关。“桔”和“梗”都有笔直、挺立的意思。《神农本草》称其“茎如笔管”，《本草纲目》谓“此草之根结实而梗直，故名”。因桔梗是常用中药，所以日本人常称中药店为“桔梗店”。桔梗花又名僧冠帽、铃铛花，开的花朵简单美丽，虽也有多瓣的，但以单瓣为主。

而洋桔梗，虽然和桔梗只一字之差，但却是完全不同的两种植物。得名和其形状有关，因洋桔梗长得和桔梗很像，又是外来的植物，故在“桔梗”前面加了一个“洋”字。因该花“叶如龙葵，味苦如胆”，生长在草原地区，因此又名为“草原龙胆”。因原产于美国德州，花开蓝色，形状似铃铛，故又称德州蓝铃。

洋桔梗那纤细柔软的外形犹如花中处子，每一片花瓣都向外微微翻卷，犹如楚楚动人的少女，给人娇羞可怜的感觉。故洋桔梗的花语就是纯洁、无邪、漂亮以及真诚不变的爱。充满神秘悠远之美感的洋桔梗让人产生想保护的冲动，所以它的

另类花语又是警戒、小心。

洋桔梗属于多花型鲜切花，单株植物上往往开好几朵花，以多瓣为主，且花色繁多，有蓝色、紫色、粉色、白色，还有大量镶拼色的，花姿优美热闹，极具观赏价值。美丽的洋桔梗引种到欧洲和日本后，通过杂交改良，现已成为一种妖媚动人、异常新奇的花卉。目前，洋桔梗在日本栽培的品种已有好几百种，但在我国，还处于引种实验阶段。

洋桔梗形态优美典雅适合做插花，蓝色的洋桔梗配上几枝白百合，点缀于案头、几上，清新素雅。该花也适宜于盆栽，是窗台、阳台上很美的花饰。

洋兰

洋兰，又称热带兰。这类兰花的品种很多，因为深受西方人的钟爱，故中国人将它称为“洋兰”，为的是与在中国温带地区广为栽培、被称之为“国兰”的地生兰相区别。

把这一类花称作“兰”，可见人们对洋兰评价之高。在中国，兰花为百草之长，兰花之香自古以来被中国人认为是众花之冠，有“国香”之称。得名与其形态有关。“兰”的本义即指兰草。

洋兰的品种很多，它的花朵大多优美芬芳鲜艳，而且此花还很少发生病虫害，具有能够清洁家中空气的优点。尤其是洋兰那素洁淡雅的韵致和养鼻的芬芳，很符合中国人对香味的审美要求。说其香，其实香得很清雅，这里的“清”决非清淡之意，而是指香气的纯正不邪，故受崇尚素朴的国人的推崇。逢年过节，人们喜爱在室中置上一盆，馥郁袭人，弥旬不歇，因此成为近年来深受市民喜爱的盆栽花卉。洋兰中著名的品种有：

卡特兰

这种热带兰具有花朵硕大、花形奇特多姿、雍容绚丽、花色娇艳、芳香馥郁等特点，在国际上有“洋兰之王”“兰之王后”的美称，且花期长达3个月左右。

其名称“Cattleya”一词是为了纪念英格兰的一位热心于珍稀植物的收藏与栽培者——威廉·卡特利（William Cattley）。其中还有一个有趣的故事。1818年，这种生长在山林中，还未受赏识的兰花，被一个英国人当作包装其他热带兰花的填充物由巴西寄送至英国。没想到，这种无名野花却被一个名叫威廉·卡特利的园艺师慧眼相中，并花了六年心血栽培成功。当这种兰花开出直径12厘米~15厘米大的艳丽花朵时，立马引起了轰动，在当时的园艺界一下子成了一个珍稀的兰花品种。为了纪念这位发现者，人们便以“卡特兰”为之命名。由于卡特兰具有缤纷至极的姿色，娇媚无双，故一直是高级切花市场的宠儿，而为花卉园艺师取材所钟爱，经常在各种节庆和喜宴场合中扮演胸花的主角。而艳光四射的粉红或紫红卡特兰也是送给女性的佳卉。

[别名] 嘉德丽亚兰、加多利亚兰等
[学名] Cattleya Hybrida
[科属] 兰科卡特兰属
[习性] 多年生草本附生植物，全年开花
[原产地] 南美、中美洲

蝴蝶兰

这种兰花又称蝶兰，也非常有名，它的属名Phalaenopsis，在希腊语中有“像飞蛾”的意思。因其花形似蝶，故名。蝴蝶兰也是附生兰。由于花大花期长，花色艳丽色泽丰富，花形美丽别致，如蝴蝶翩翩飞舞，深受人们喜爱。19世纪中叶，这种兰花刚被发现的时候，因其花色浓艳瑰丽，人们误认为它是含有剧毒的植物，故而把它视作“魔鬼的化身”。然而不久，轻盈高贵的蝴蝶兰还是被爱花人士所接受，并被当作下凡的仙女，从此成了洋兰中的新宠。

代表美丽的蝴蝶兰，有着柔和曲垂的花茎，配以彩蝶翩飞的花朵，常会令人注目凝视。在许多国家里，人们喜以纯洁的大白花蝴蝶兰作为新娘捧花，用以表达新人纯洁、幸福、快乐、长久的意思。

[别名] 蝶兰
[学名] Phalaenopsis aphrodite Rchb. F.
[科属] 兰科蝴蝶兰属
[习性] 单茎附生兰，全年开花
[原产地] 热带亚洲

大花蕙兰

这也是很受人们欢迎的一种洋兰。该兰又名虎头兰，是主要以兰属中的一些附生性较强的大花种为亲本经人工杂交获得的花色艳丽、花朵硕大的品种的一个统称。“蕙”，有美的意思，该兰长得高贵典雅，又散发着幽幽的香气，犹如秀外慧中的美女。大花蕙兰的别称“喜姆比兰”译自其拉丁学名，学名是根据花形取自希腊语的“船形”的意思。而“虎头兰”的别称则源于该花的花形犹如虎头的形状。

英国人悉心培育了大花蕙兰。该兰叶长碧绿，花姿粗狂，豪放壮丽，既有国兰之幽香典雅，又有洋兰的丰富多彩，是世界著名的“兰花新星”。日本人民称之为“东亚兰”，欧美人士称之为“新美娘兰”。按其花序形态可分为直立型与垂吊型等。

[别名] 喜姆比兰、虎头兰等
[学名] Cymbidium hybridum
[分类] 兰亚科兰属
[习性] 常绿多年生附生草本，全年开花
[原产地] 热带亚洲

万代兰

[别名] 胡姬花

[分类] 兰科万代兰属

[学名] Vanda

[习性] 多年生草本，全年开花

[原产地] 东南亚等地

在洋兰众多的品种中，容貌清丽、端庄的万代兰是典型的附生兰。这种兰属花卉不同于其他的品种，为单轴类茎的热带兰，其肥厚的圆柱状气生根不断从茎干上长出，而且一定要和空气直接接触才能茁壮成长。中国人把它译为“万代兰”，是因为它有很强的生命力，能够世世代代永远相传下去之意。其学名“Vanda”原为梵语，意思是挂在树身上的兰花。

相传此花最早是在印度被发现的，花色繁多、生性较粗放，是一种比较容易栽培的兰花。因其在恶劣的条件下也能争芳吐艳，深受新加坡人的喜爱，被选为新加坡国花。别名胡姬花，则由福建的闽南话音译“Orchid（兰花）”一词而来。

跳舞兰

这是一种极美丽而又极具观赏价值的兰花，也是世界上重要的兰花切花品种之一，因是文心兰属的花卉，故学名又叫“文心兰”。在开花的季节里，一朵朵迎风摇曳的跳舞兰，像极了穿着舞衣，在舞台上翩翩起舞的俏女郎。

跳舞兰虽不十分艳丽，但其娇俏迷人的花容也常成为插花盆景的主角，适合于家庭居室和办公室瓶插，也是加工花束、小花篮的高档用花材料，世界各地均有栽培。跳舞兰有着亮丽的明黄色，每一朵花，像美丽的少女，裙摆飘飘，翩翩起舞，故其花语是快乐无忧，寓意忘却烦恼。

[别名] 文心兰、跳舞女郎等

[学名] Oncidium hybridum

[科属] 兰科文心兰属

[习性] 多年生气生性植物，秋季至翌年春季开花

[原产地] 墨西哥、巴西、玻利维亚等地

一品红

Euphorbia pulcherrima Willd. et Kl.

[别名] 圣诞花、圣诞红、猩猩木等

[拉丁名] Euphorbia pulcherrima Willd. et Kl.

[科属] 大戟科大戟属

[习性] 落叶直立灌木，十二月至翌年二月开花

[原产地] 墨西哥

相传古时候，在墨西哥城，有一个土地肥沃、水源充足、农牧业兴旺的村庄，人们过着安居乐业的生活。有一年夏季，突然发生了泥石流，一块巨石把水源拦腰切断，造成了该地区严重缺水。这时村里有一个名叫波尔切里马的勇士，不顾个人安危，凿石取水，夜以继日，终于将巨石凿开，清泉像猛兽般冲出来。波尔切里马却因疲劳过度，被大水冲走了，人们到处寻找，未见人影。一天，一个牧羊人在水边发现了一株顶叶鲜红的花，格外美丽。村民说：这花很像波尔切里马喜欢穿的红上衣。为了纪念这个舍身取水的英雄，人们就将此花命名为“波尔切里马花”，这种传说中的花卉也就是我们平时所说的“一品红”。

一品红的名称来源与其色泽有关。该花贵

为“一品”，犹言一等、最好的意思。在中国传统文化中，一品还用来指官品的最高一级。一品红红得雅正，正是我们现在称为“中国红”的颜色，特别符合中国人的审美观，故获“一品”美称。

不过，一品红供观赏的是叶而不是花，真正的花是苞片中间开的黄绿色细碎小花，一点都不引人注目。

这是一种变色型观叶植物。其花朵很小并不容易被人注意，引起人们关注的是位于植株顶端的叶片，叶片入冬后就会变为耀眼的红色，艳丽非凡。花期正值圣诞、元旦、春节期间，非常适合节日的喜庆气氛。一品红顶着红而大的叶子，一副喜气洋洋的模样，好像握着双手在向人们道贺似的。因它盛开在圣诞节前后，所以成了圣诞节用来摆设的重要植物，别称圣诞红、圣诞花。在寒冷的冬季里，放一盆鲜红的一品红在家中，感觉就像点燃了一盆温暖的炉火。因该植物顶部的叶片呈猩红色（因猩猩血液的颜色而得名），故又称猩猩木。

一品红原产于墨西哥的塔斯科（Taxco）

地区。在被引入欧洲之前，当地的阿芝特克人（Aztecs，美洲印第安人）很早就拿它当颜料和药物。1825年，美国驻墨西哥首任大使波因塞特（Poinsett）将其引入美国。

一品红在我国大部分地区均有栽培，常见于公园、植物园及温室中，供观赏。茎叶可入药，有消肿的功效，可治跌打损伤。

相传，自古以来，基督教里就有将圣人与特定花朵联系在一起的习惯。中世纪的天主教修道院内种植着各式各样的花朵，开在12月的一品红是圣基督诞生之花。

罂粟花

Papaver somniferum L.

◇◇◇◇◇◇◇◇◇◇◇◇◇◇◇◇

[别名] 罂子粟、御米、米囊等

[拉丁名] Papaver somniferum L.

[科属] 罂粟科罂粟属

[习性] 一年生草本植物，花果期三月至十一月

[原产地] 地中海沿岸

◇◇◇◇◇◇◇◇◇◇◇◇◇◇◇◇

罂粟与人类有着漫长的渊源，至今在世界各地仍普遍生长。所有罂粟品种都含有鸦片剂。罂粟的学名“somniferum”，意思是“催眠”，说明该花具有麻醉性。因这极美丽的植物是提炼鸦片的原料，成为世界上毒品的重要来源，故又有“恶之花”之名。

为何称“罂粟”，主要是与其形状有关。“罂”指壶形的盛器，“粟”是小米。所谓“罂粟”，即状其果实如罂、种子如粟。《本草纲目》：“罂粟秋种冬生，……花凡四瓣，大如仰盏，罂在花中，须蕊裹之。花开三日即谢，而罂在茎头，长一二寸，大如马兜铃，上有盖，下有蒂，宛然如酒罂。中有白米极细，可煮粥和饭食。”

原产地中海一带的罂粟，早在唐代就已传入长安。因此花开得绚烂华美，是一种很有价值

的观赏植物。那些花大、色艳、重瓣的栽培品种也作为庭园的观赏植物。不过，因为罂粟对阳光、土壤、气候的要求较高，所以只有在泰国才可以经常看见它的身影。

罂粟花的种植在我国并不广泛，据史书记载，唐朝乾封二年（667年），拂霖国（即大秦，东罗马帝国）遣使献“底也伽”。底也伽是古代西方的灵丹妙药，它的主要成分是鸦片剂等，可以治疗痢疾、解除中毒等。与此同时，罂粟的种子也由阿拉伯商人携入中国，中国的部分地区也开始种植罂粟。不过，当时种植罂粟，不是把它当成毒品吸食，而是纯粹为了观赏和药用。

直到明末，罂粟花仍是名贵稀有的佳花名木。崇祯年间，旅游家徐霞客在贵州省贵定白云山下看到了一片红得似火的罂粟花，大为惊奇，叹为观止。他在《徐霞客游记》中写道：“莺粟花殷红，千叶簇，朵甚巨而密，丰艳不减丹药。”

至于由罂粟花提炼的鸦片的药用价值，宋朝以来历代医书多有记载，被看成治痢疾等症的良药。宋代的中医还发现罂粟的其他功效，如治呕逆、腹痛、咳嗽等症状，并有养胃、调肺、利喉等功效，就连罂粟籽、壳也被当成了滋补品。北宋大文豪苏轼曾在《归宜兴·留题竹西寺三首》中写道："道人劝饮鸡苏水，童子能煎罂粟汤。"即反映了这种情况。

到了元代，医生们对罂粟的巨大副作用有了初步认识，建议人们慎用。名医朱震亨即指出："今人虚劳咳嗽，多用粟壳止勤；湿热泄沥者，用之止涩。其止病之功虽急，杀人如剑，宜深戒之。"然而，世人并未记住朱氏的劝告。元朝时，已有人开始服食鸦片了。当然，这些鸦片是从印度等地来的。一直到明朝，中国人才逐渐懂得了鸦片的提炼、生产。但是绝大多数鸦片还是由东南亚各国进贡来的，且市场价格极贵，堪比黄金。到了万历十七年（1589年），鸦片首次被列入征税货物清单之中。这表明当时鸦片输入增多，食用鸦片的人，尤其是东南沿海的富绅地主已经为数不少。

在古埃及，罂粟被人称为"神花"。古希腊人为了表示对罂粟的赞美，让执掌农业的司谷女神手拿一枝罂粟花。古希腊神话中也流传着罂粟的故事，有一个统管死亡的魔鬼之神叫许普诺斯，他的儿子玛非斯手里拿着罂粟果，守护着酣睡的父亲，以免他被惊醒。

在欧洲，几百年前，鸦片就作为镇痛剂和麻醉剂而随处可见，成为治疗无数疾病的流行药。

罂粟是制取鸦片的主要原料，同时其提取物也是多种镇静剂的来源，如吗啡、蒂巴因、可卡因、罂粟碱、那可丁。罂粟籽是重要的食物产品，其中含有对健康有益的油脂，广泛应用于世界各地的沙拉与面包中。

虞美人

Papaver rhoeas L.

虞美人，花朵艳丽，非常娇美。相传这花是西楚霸王项羽爱妾虞姬的化身，自古以来一直是广受喜爱的观赏植物。

据古人笔记记载，虞美人花有个奇怪的特点。《益州草木记》是这样说的："花叶两相对，人或近之，即向人而俯；如为唱虞美人曲，则此草相应而舞，他曲则否。"《贾氏谈录》也有类似记载："状如鸡冠，大叶相对。歌唱虞美人曲，则两叶如人拊掌之状，颇中节。"原来，此花颇有艺术细胞，听到虞美人曲，则会随之起舞，故得到了"虞美人"的美称。至于它的别名"舞草"，是取其花姿在盛开时，纤细挺立的花茎、薄如蝉翼的花瓣会随风群起飞舞。"丽春"的别名，则是因此花娇媚，它的开放让春天变得更美丽。

[别名] 舞草、丽春花、赛牡丹等

[拉丁名] Papaver rhoeas L.

[科属] 罂粟科罂粟属

[习性] 一年生草本植物，四月至七月开花

[原产地] 欧、亚大陆

但是色泽妍丽的虞美人花，在欧洲并非受宠的花卉，因为当地人认为它那嫣红的花朵像鲜血一般，是不吉利的象征。

虞美人花与罂粟花由于同科同属，且外形相似，故常被人以为是同一种花。实际上，一般人所熟知的被用来提炼鸦片的罂粟花，含有一种具催眠作用的植物碱，虞美人则不含此成分。

过去，这种经常出现在欧洲麦田旁的美丽花朵，曾被当作药用植物。人们常取虞美人

的花朵煎汁加糖制成咳嗽药水。同时，人们也曾以它充作野食蔬菜，将新鲜的花瓣加工制成糖蜜，烹调时添加于汤或粥中，增加独特的口味。

虞美人花中，还有一种名叫“佛兰德斯红罂粟”的变种花卉，象征着缅怀和纪念。说起它，还有一个关乎牺牲、爱、尊重和怀念的主题。1914年，第一次世界大战爆发，德军很快占领了比利时，英、法相继出兵对付德国。比利时的佛兰德斯成了西线主战场，成千上百万的士兵倒在那里。1915年10月8日，加拿大医生约翰·麦克雷在亲眼目睹了残忍的战争剥夺这么多战士的生命，写下诗歌《在佛兰德斯战场》，纪念为保卫祖国而献身的战士。

在约翰·麦克雷诗歌的激励下，美国人迈克尔·莫尼亚开始佩带红色罂粟花来纪念战死的战士，并出售这种花，把所得的钱用于帮助那些伤残的退伍老兵。于是，在欧洲，人们把佛兰德斯红罂粟看成是“缅怀之花”，把它佩在衣服的左领或左胸上，表示对为国捐躯者的悼念。

郁金香

Tulipa gesneriana

[别名] 洋荷花、旱荷花、草麝香等

[拉丁名] Tulipa gesneriana

[科属] 百合科郁金香属

[习性] 多年生草本植物，三月至五月开花

[原产地] 地中海沿岸及伊朗、斯里兰卡等地

郁金香是荷兰和土耳其的国花。这种被欧洲人称为“魔幻之花”的植物，自古以来就有一种莫名的魔力使园艺学家热衷于品种改良，甚至有人倾家荡产只为了它那稀有的球根。

在世界上，荷兰是被公认的郁金香王国。荷兰人相信郁金香是一位善良少女的化身。传说有三位骑士同时爱上了一位少女，骑士们各自带着王冠、宝剑、黄金前往求婚。为了不伤害其中的任何一人，少女求助于花神，最后花神把少女变成了花朵像王冠、叶子像宝剑、球根像黄金的郁金香。

根据西方的记载，郁金香于1559年由君士坦丁堡传至欧洲。在这以后的一百多年时间里，这种供观赏的植物，在欧洲竟掀起了轩然大波，尤其是在荷兰，还出现过如痴如醉、举

国若狂的“郁金香热”。在很长一段时间里，在荷兰阿姆斯特丹的大街上，经常可以看到这样的招贴：“此屋出售，售价：郁金香鳞茎三枚。”打死你也不会相信，三棵郁金香可以换一幢房子，但在那时的荷兰，确实是这样的。小小的郁金香震撼着这个国家，人们可以因一株郁金香而一夜暴富，也可以为一株郁金香而倾家荡产。

在疯狂投机时期，金融市场上的郁金香数量超出了实际种植的数量，但这许许多多的“狂人舞曲”却把荷兰奏富起来了。19世纪初荷兰全国只种郁金香130英亩，到了20世纪中叶已发展到两万多英亩，占全世界郁金香出口总量的80%以上，行销125个国家，被誉为“世界花后”。这个超级拳头产品的出现，使郁金香当然无愧地成为荷兰的国花，也无愧与风车、奶酪、木鞋一起被定为“四大国宝”了。郁金香的这股狂热之风还吹到了欧洲的其他国家，并烙下了深深的印迹。不少国家的语言里，许多形似郁金香或是像郁金香那样美丽、时髦和珍贵的东西，至今还被名为“郁金香”。

郁金香传来中国的时间大约在唐朝以前。陈藏器《本草拾遗》中有郁金香“生大秦国，二月三月有花，状如红兰”的记录。但在我国，它的名称借用于其他植物。因为“郁金香”一词在中国古已有之，指古代一种叫“郁金”的姜科植物。“郁金”芬芳馥郁，古人用它来浸酒，浸出来的呈金黄色液体的酒会有一种特别的浓香。李白“兰陵美酒郁金香，玉碗盛来琥珀光”说的即是这种郁金香。我国引进国外的郁金香花时，借用了古代“郁金香”一名。

在我国，郁金香也同样因其高雅脱俗、清新隽永而成为著名的观赏花卉。因其形态似荷花，又是外来的，且生长在泥土里，故又称洋荷花。因花香似麝香，但却是植物，所以又叫草麝香。

郁金香花美，但更具有药用价值。它能化湿辟秽，治脾胃湿浊，胸脘痞闷、呕逆腹痛、口臭苔腻等。除了药用外，郁金香的香气还能杀除空气中的细菌，平衡室内的空气，让室内的空气保持洁净，从而为人们创造一个健健康康生活的环境。

鸢尾花

Iris Linn

[别名] 紫蝴蝶、爱丽丝等
[拉丁名] Iris Linn
[科属] 鸢尾科鸢尾属
[习性] 多年生宿根草本植物，十二月至翌年五月开花
[原产地] 南欧、西亚及北非

远在古埃及时代，鸢尾花就和莲花、百合花、棕榈叶一起组成“生命之树”的图案。鸢尾家族体系庞大，色彩丰富而浓烈，作为观赏花卉引进到了中国。

该花得名与花的形状有关，因为花瓣形似鸢鸟（鹰的一种）的尾巴，故名。明代李时珍在《本草纲目》中说：鸢尾，“并以形命名”。

又因鸢尾花酷似蝴蝶，盛开的时候主要色彩为蓝紫色，而别称“紫蝴蝶”。鸢尾的英语名称“iris（爱丽丝）”一词来源于希腊语，含义为“彩虹”。爱丽丝在希腊神话中是彩虹女神，她是众神与凡间的使者，主要任务是将善良的人死后的灵魂，经由天地间的彩虹桥携回天国。当年远征波斯的古希腊人，一看到这种花，脑海中便立刻浮现出彩虹女神爱丽丝，因此鸢尾花的花语是“华丽”，犹如天上的彩虹般绚烂。

鸢尾一般生长在向阳坡地、树林和稍湿润的地方。这种花的观赏性强，而且耐寒、耐旱，春季至夏季开花。花色丰富，如蕾丝边卷曲的花瓣是它的一大特色，在群花之中显得尤为引人注目，非常适合于北方干旱城市的道路绿化和街心花园、公园、广场、庭院等绿地的美化。鸢尾的花宛若翩翩彩蝶，所以它也可以作为优美的盆花、切花和花坛用花。在国外，还有人将此花提炼成香水。

除了观赏价值外，鸢尾花还能活血祛瘀、祛风利湿、解毒消积，用于治疗跌打损伤、风湿疼痛、咽喉肿痛、食积腹胀、疟疾等，外用的话能治痈疖肿毒、外伤出血。

美丽、粗壮、易栽培的鸢尾，因为梵高的名画《鸢尾花》（见右图）而家喻户晓。法国印象派画家莫奈在吉

维尼的花园中植有大量鸢尾，并以此为主题，在画布上留下了充满大自然生机律动的鸢尾花形象。

法国被称作鲜花之国，巴黎有“花都”的美誉，鸢尾花被视为法国的国花。相传法兰西王国第一个王朝的国王克洛维在受洗礼时，上帝送给他一件礼物，就是鸢尾花。在法国，鸢尾花是光明和自由的象征。

在古埃及，鸢尾花代表了“力量”与“雄辩”。以色列人则普遍认为黄色鸢尾是“黄金”的象征，故有种植鸢尾的风俗，盼望能因此带来财富。希腊人则常在墓地种植鸢尾花，希望人死后的灵魂能托“爱丽丝”带回天国，这也是花语“爱的使者”的由来。

紫罗兰

Matthiola incana

紫罗兰是欧洲的名花之一，每年的三四月份，乡间、田野、园林中的紫罗兰开出一片片紫的、红的、黄的、粉的美丽小花，清香醉人。

深受西方人喜爱的紫罗兰大约在20世纪40年代，作为观赏花卉引入中国。其拉丁语属名取自意大利植物学家马提奥力（Mattioli），因开紫色花朵，音译成中文“紫罗兰”。在西方，无论过去还是现在都有人把这种花作为爱情的象征。

在希腊神话中，关于紫罗兰还有一个传说：女神维纳斯，因情人远行，当两人依依惜别的时候，维纳斯晶莹的泪珠滴落到泥土上。第二年春天竟然发芽生枝，开出一朵朵美丽芳香的紫色花儿来，人们把这种花称作紫罗兰。

神秘而优雅的紫罗兰，因色泽丰富、花形

[别名] 草桂花、四桃克、草紫罗兰

[拉丁名] Matthiola incana

[科属] 十字花科紫罗兰属

[习性] 一年或多年生草本植物，三四月间开花

[原产地] 地中海沿岸

漂亮、芳香怡人，而成了春季花坛和鲜花市场的代表性花卉，是一类经济价值较高的冬、春两季切花。该花因花朵茂盛，花期长，为众多莳花者所喜爱，人们把它植于盆中观赏，也常用来布置花坛、庭院等。

紫罗兰除了适宜观赏外，还有药用价值，对呼吸道的帮助很大，能够清热解毒，对支气管炎也有调理之效。可以润喉，清除口腔异味，特别是解决因蛀牙引起的口腔异味。紫罗兰的提取物还能用作美白祛斑，滋润皮肤，增强光泽，防紫外线照射等。

紫罗兰在欧美各国极为流行也极受喜爱。它的花有淡淡幽香，欧洲人用它制成深受女士青睐的香水。在中世纪的德国南部还有一种风俗，人们把每年第一束新采的紫罗兰高挂在船的桅杆上，用以祝贺春天重返人间。在古希腊，成串成串盛开的紫罗兰是富饶多产的象征，雅典以它作为徽章、旗帜上的标记。罗马人也很看重紫罗兰，把它种在大蒜、洋葱之间。克里特人则把它们用于皮肤保养方面，他们将紫罗兰花浸在羊奶中，当成乳液使用。而盎格鲁·萨克逊人则将紫罗兰视为抵抗邪灵的救星。

在西方，人们还常把紫罗兰视作象征爱情

的花。就连拿破仑也非常钟情于紫罗兰，他死后，人们在他从未离身的金首饰盒里发现了两样东西：两朵枯萎的紫罗兰和一绺浅栗色的头发。据说枯萎的紫罗兰就是当年他与约瑟芬的定情之物。

17世纪英国物理学家、化学家罗伯特·波义耳，也是一个把紫罗兰视为圣洁爱情的人，他还因紫罗兰而发明了现在每个化学实验室都必须配备的石蕊试纸。

一天，波义耳的朋友给他送来了一束新摘的紫罗兰，非常喜爱此花的波义耳随手把花带到了实验室，插在实验室桌上的一个花瓶里。此时，波义耳的助手正在把一大瓶浓盐酸倒入烧坏中，随之，发生了一件怪事，浓盐酸大量挥发出来的氯化氢气体使带着露珠的紫罗兰染上了斑斑红色。这一奇异的现象，促使细心的科学家再次进行实验。波义耳把紫罗兰摘下来分别放入不同的酸碱溶液中，然而紫罗兰始终分别显示红色和蓝色。至此，他似乎悟到了判别物质酸碱性的方法。他和助手一起经过不断的实验，最后找到了一种从植物中提取的有机物——石蕊，发明出了我们今天实验室中常用的石蕊试纸。

紫苜蓿

Medicago sativa L.

[别名] 三叶草、草头等

[拉丁名] Medicago sativa L.

[分类] 蝶形花科苜蓿属

[习性] 多年生草本植物，五月至七月开花

[原产地] 土耳其、亚美尼亚、伊朗、阿塞拜疆等地

在欧洲民间，有这样一个传说：如果谁找到了有四瓣叶片的三叶草，即四叶草(也称幸运草)，谁就会得到幸福。所以西人在路边看到三叶草的话，常常会把它收好，压平，以便来日赠送他人，以此来表达他们对友人的美好祝愿。

这种三叶草，学名叫紫苜蓿，作为牧草引入我国栽培已有2000多年的历史。它的名称源自外来词语。汉代司马迁《史记》中记载，苜蓿从西域的大宛国引入，最初是给马作饲料用。“苜蓿”一词来自大宛语“buk suk”的音译。因其花开紫色，故又叫紫苜蓿。因其每一根细茎上面，有叶三齿，所以俗称三叶草。苜蓿宜长，田边路旁随处可见，江南人又把它呼为草头。

苜蓿中最著名的是作为牧草的紫花苜蓿。由西汉的张骞分别在公元前138年和公元前119年两次出使西域时带回。相传当年紫苜蓿遍植于长安的宫苑内，每当花季紫色一片，甚为壮观。明代李时珍曰：“苜蓿原出大宛，汉使张骞带归中国。然今处处田野有之，陕、陇人亦有种者，年年自生。刈苗作蔬，一年可三刈。”

苜蓿引入中土后，各地有野生，亦有栽培。尤其江浙一带，此花漫山遍野到处都是。江浙人喜欢把它当作家常蔬菜，每逢上市，它就是饭桌上的常见之物。吃的时候，以叶为主，摘梗去黄叶洗净后用旺火重油煸炒，味极鲜嫩。

除了作菜蔬外，苜蓿还是优良的牧草，有“牧草之王”的美名，不仅产量高，而且草质优良，各种畜禽均喜食。我国近年来苜蓿产业规模化发展较快，苜蓿的种植面积正在扩大。苜蓿中最著名的是作为牧草的紫花苜蓿，更是优良饲料草。

苜蓿作为饲养牲畜的牧草之外，还可以用作保护水土和护坡植物，园林上多作为盐碱地、贫瘠土地的绿化草种和景观野花用草种。

西人对紫苜蓿也是极看重的，又称三叶

草。他们把该草称为“幸运草”，是因为有人说它是亚当、夏娃从伊甸园带到人间的礼物。也有人说它源自拿破仑，一次拿破仑行军路过一片草原时，发现一株四叶草，感到非常奇特，俯身摘下时，刚好避过向他射来的子弹，逃过一劫，从此紫苜蓿便成为幸运的象征。如果谁找到了有四瓣叶片的紫苜蓿（也称幸运草），谁就会得到幸福。

三叶草的传说在英国、爱尔兰最为盛行，并成为爱尔兰的国花。时至今日，它已变成西方国家的民间传统。小朋友会以在草原上找寻四叶草为乐，而每年三月在纽约举行的圣比德日（Stpartick’s Day），人们都会穿上绿色衣物，带上吉祥物——四叶的三叶草饰物来游行。

图书在版编目（CIP）数据

中国的外来植物．远方的茉莉花：花卉／晓蓓著
—上海：上海文化出版社，2017.4
ISBN 978-7-5535-0703-3
Ⅰ．①中… Ⅱ．①晓… Ⅲ．①花卉–侵入种–介绍–中国 Ⅳ．① Q941
中国版本图书馆 CIP 数据核字（2017）第 063179 号

本书由上海文化发展基金图书出版专项基金资助出版

远方的茉莉花

中国的外来植物·花卉

责任编辑：蒋逸征
封面设计：钦吟之 王怡君
版式设计：钦吟之 陆 遥
插 图：何明捷

出 版：上海文化出版社 上海咬文嚼字文化传播有限公司
地 址：上海打浦路 443 号荣科大厦 17 楼
印 刷：上海文艺大一印刷有限公司
规 格：889×1250 1/32
印 张：5.25
版 次：2017 年 5 月第 1 版 2017 年 5 月第 1 次印刷
书 号：ISBN 978-7-5535-0703-3/Q.002
定 价：38.00 元

告读者：如发现本书有印刷质量问题请与印刷厂质量科联系
电 话：021-57780459